常见草原有害生物防治手册

国家林业和草原局生物灾害防控中心 编

中国林业出版社

图书在版编目（CIP）数据

常见草原有害生物防治手册/国家林业和草原局生物灾害防控中心编．— 北京：中国林业出版社，2022.10
ISBN 978-7-5219-1551-8

Ⅰ.①主… Ⅱ.①柴… Ⅲ.①草原—有害动物—防治—手册 ②草原—病虫害防治—手册Ⅳ.① S812.6

中国版本图书馆 CIP 数据核字 (2022) 第 007848 号

中国林业出版社

责任编辑：李　顺　马吉萍
电　　话：（010）83143569

出　版	中国林业出版社（100009　北京市西城区刘海胡同7号）
网　址	http：//www.forestry.gov.cn/lycb.html
发　行	中国林业出版社
印　刷	北京博海升彩色印刷有限公司
版　次	2022年10月第1版
印　次	2022年10月第1次
开　本	710mm×1000mm　1/16
印　张	11.5
字　数	250千字
定　价	98.00元

《常见草原有害生物防治手册》
编 委 会

主　　编： 柴守权

执行主编： 徐震霆　　王志鹏

副 主 编： 岳方正　李　璇　王炳煜　白鸿岩　杨　鼎

编写人员： （按拼音顺序排列）

阿帕尔·阿布都吾甫尔　查　干　陈吉军
程天亮　程相称　单艳敏　段海峰　高　鹤
高书晶　苟文龙　韩海斌　赫传杰　贺佳圆
胡延春　季彦华　金　娇　加马力丁　李　硕
李晓鹏　林　峻　刘　凯　刘　玥　马　妍
宁　发　努尔古丽·努尔旦　孙飞达　孙学涛
唐炳民　唐俊伟　王　瑾　王坤芳　王丽丽
王　钰　吴建国　吴　江　谢桐音　闫伟红
严　林　杨　坤　杨明秀　杨廷勇　姚贵敏
游　丰　臧奇聪　张绪校　张园园　周长梅
周　俗

PREFACE 前言

　　草原是我国重要的陆地生态系统和自然资源，也是草原畜牧业主要的生产资料，在涵养水源、防风固沙、维护生物多样性和促进畜牧业发展等发挥着重要的生态和生产功能，对维护国家生态和国土安全、牧区经济社会可持续发展等具有重要基础性、战略性作用。

　　近年来，受全球气候变化和过度利用草原的双重影响，我国草原有害生物正处在发生面积广、危害程度重、防控难度大的严峻阶段，对草原生态保护、畜牧业生产和人民健康福祉构成严重威胁，已成为制约草原地区生态、经济和社会可持续发展的重要限制因素。有资料显示，我国有70%的草原存在不同程度的退化，草原生态脆弱。草原退化，引发草原鼠、虫、毒害草、病害危害猖獗，导致牧草减产、生态恶化及生物多样性降低等问题日益突出。近年来，我国草原生物灾害呈现多发、常发态势，加之一些地区尚未改变粗放式的畜牧业经营方式，造成有害生物发生此起彼伏。以鼠、虫、毒害草、病害为主的草原有害生物防控难度逐渐增加，若不采取有效措施，危害将持续加重。因此，加强草原生物灾害可持续控制，是加快草原生态修复的重要举措，事关生态文明建设、民族团结、边疆稳定和牧区经济社会持续健康发展。

　　为更好地服务基层，积极适应国家机构改革以后林草融合大趋势，满足草原有害生物防治工作人员需求，国家林草局生物灾害防控中心组织编写了《常见草原有害生物防治手册》一书。该书按照草原有害生物发育进度和时间变化列出各种草原有害生物不同时期的防治方法和技术要点，以期能够更贴近实际，更好地指导生产实践。同时我们还收集了大量的草原有害生物照片，对每一种有害生物都提供了清晰的危害特征或症状、形态特征等照片。

《常见草原有害生物防治手册》一书是在全国草原有害生物防治机构和科研院所的共同努力下完成的，很多同志参与了本书的编写和图片拍摄工作，在此一并表示感谢。本书编写时间仓促，书中不足之处，敬请读者批评指正。

编　者

2022年6月

CONTENTS 目录

鼠害

01 布氏田鼠 …………………………………… 2
02 根田鼠 ……………………………………… 4
03 黄兔尾鼠 …………………………………… 6
04 草原兔尾鼠 ………………………………… 8
05 青海松田鼠 ………………………………… 10
06 高原松田鼠 ………………………………… 12
07 五趾跳鼠 …………………………………… 14
08 三趾跳鼠 …………………………………… 16
09 子午沙鼠 …………………………………… 18
10 柽柳沙鼠 …………………………………… 20
11 长爪沙鼠 …………………………………… 22
12 大沙鼠 ……………………………………… 24
13 草原鼢鼠 …………………………………… 26
14 高原鼢鼠 …………………………………… 28
15 甘肃鼢鼠 …………………………………… 30
16 中华鼢鼠 …………………………………… 32
17 高原鼠兔 …………………………………… 34
18 达乌尔鼠兔 ………………………………… 36

19 褐斑鼠兔	38
20 藏鼠兔	40
21 达乌尔黄鼠	42
22 长尾黄鼠	44
23 赤颊黄鼠	46
参考文献	48

虫　害

01 中华剑角蝗	52
02 素色异爪蝗	54
03 红胫戟纹蝗	56
04 宽翅曲背蝗	58
05 黑腿星翅蝗	60
06 意大利蝗	62
07 中华稻蝗	64
08 沙漠蝗	66
09 李氏大足蝗	68
10 西伯利亚大足蝗	70
11 宽须蚁蝗	72
12 鼓翅皱膝蝗	74
13 红翅皱膝蝗	76
14 大垫尖翅蝗	78
15 甘蒙尖翅蝗	80
16 东亚飞蝗	82
17 亚洲飞蝗	84

18	西藏飞蝗	86
19	亚洲小车蝗	88
20	黄胫小车蝗	90
21	蒙古束颈蝗	92
22	笨蝗	94
23	春尺蠖	96
24	小地老虎	98
25	青海草原毛虫	100
26	古毒蛾	102
27	黏虫	104
28	草地螟	106
29	柽柳条叶甲	108
30	沙葱萤叶甲	110
	参考文献	112

有害植物

01	豚草	116
02	三裂叶豚草	118
03	紫茎泽兰	120
04	黄帚橐吾	122
05	狼毒大戟	124
06	醉马草	126
07	少花蒺藜草	128
08	变异黄芪	130
09	黄花棘豆	132

10 小花棘豆	134
11 苦豆子	136
12 藜芦	138
13 甘肃马先蒿	140
14 白喉乌头	142
15 黄花刺茄	144
16 瑞香狼毒	146
17 天山假狼毒	148
参考文献	150

病　害

01 苜蓿霜霉病	154
02 苜蓿镰刀菌根腐病	156
03 苜蓿病毒病	158
04 苜蓿白粉病	160
05 苜蓿锈病	162
06 苜蓿匍柄霉叶斑病	164
07 苜蓿黄萎病	166
08 沙打旺黄萎病	168
09 禾本科麦角病	170
10 红豆草黄萎病	172
参考文献	174

鼠害

常见草原有害生物防治手册

01 布氏田鼠
Lasiopodomys brandtii

分布与危害 主要分布于内蒙古中东部和河北北部坝上等地,多栖息于含有羊草、针茅、冷蒿、多根葱、隐子草的草地。其采食牧草,造成草地载畜量降低;挖掘的洞道易引起牲畜折蹄绊腿,造成损伤事故;挖掘洞穴,将地下土壤带出地面形成土丘,降低产草量和植被盖度,加速水土流失。此外,布氏田鼠还是鼠疫杆菌等病毒的宿主,具有传播多种人鼠共患病的风险。

主要形态特征 仓鼠科毛足田鼠属。体长95~135毫米。毛粗硬,较短,背毛长,沙黄色,通常短于10毫米,针毛基部黑褐,毛尖灰黄色,夹杂着稀疏的长毛。头部的毛色与背色同,但眼睛周围毛色鲜艳,呈浅灰赭色,形成一个显著的环,耳壳开口处有浅黄色的长毛,腹毛淡黄,与背毛的毛色接近,色差极小,覆盖着耳孔。尾长18~32毫米,占体长20%,尾上覆硬毛,尾端毛发较长。耳短,长9~14毫米,几乎完全隐藏在长10毫米左右的被毛中。前足4指,有利爪,脚背面浅灰黄色,掌垫5个,极小,聚集在一起,部分被细毛所覆盖。后足5趾,足趾及掌部后1/2脚掌均有淡灰黄色的细毛,前足明显短于后足。乳头8个,胸部2对,鼠蹊2对。

生物学特性 白天活动,不冬眠。冬春季中午出洞,夏季则在早晚温度低时活动频繁,秋季全天活动。冬季1—2月,一般都将洞口堵塞,躲在洞穴内靠储粮生活,但在无风晴朗的日子里仍外出活动。春季自3月中旬开始,布氏田鼠在地面上的活动迅速增加,活动高峰在11:00—13:00,呈单峰形。活动范围要比其他季节大,最远可达500米。一年中以夏季在地表活动的时间最长,超过15小时,出洞早,归洞晚,双峰型活动,峰值出现在清晨和傍晚。性成熟早,1月龄即可达到性成熟,首次产仔一般在2

布氏田鼠(武晓东提供)

布氏田鼠(武晓东提供)

月龄。繁殖能力强，繁殖期在3—8月，月平均温度在10℃以上时开始繁殖，而秋季月平均温度低于10℃时停止繁殖；1年繁殖2～3胎，每胎产仔2～15只，平均7～8只。繁殖期集中在春季，春季怀胎多为8～10只，夏季多为7～9只。挖洞能力强，洞系复杂，洞穴大体上可以区分为三种类型，即越冬洞、夏季洞和临时洞。越冬洞包括巢室、仓库、厕所等；夏季洞无仓库，巢室较小；临时洞只有两个洞口及洞道。秋季在仓库储粮，归类整齐存放，每个洞系中的总储粮量可达10千克以上。有迁移性，迁移距离可达4～10千米，迁移时间多在越冬后。

布氏田鼠防治历 （以内蒙古自治区为例）

时间	防治方法	要点说明
5—7月	药剂防治：投放雷公藤甲素颗粒剂或溴敌隆饵剂进行防治。毒饵投放量根据药物说明书、当地鼠害危害程度、投放方式确定	1.投饵人员应站在洞群中央，用小勺将毒饵向四周均匀撒开 2.应在施药区内立牌，施药后16个自然日内家畜严禁进入防治区域 3.不宜连续两年投放同一种药剂，以防产生抗药性 4.溴敌隆为化学药剂，建议在严重危害时应急使用 5.农药使用应符合《农药管理条例》和NY/T 1276—2007的规定
4—9月	天敌防治：建设鹰墩、鹰架、鹰巢，招鹰控鼠；依法驯化繁育并投放当地野生狐狸控制鼠害	1.鹰架安置区要地势平坦、开阔、离永久性建筑物或电杆400米以上。每个鹰架控制20～33公顷草原鼠害，鹰架之间距离500米以上 2.注意保护其他天敌，减少人类活动对天敌的影响 3.天敌防控区域避免使用任何化学农药
全年	生态防治：在布氏田鼠种群密度较低的区域，可采取禁牧、休牧、封育、草地补播等方法，以利植被恢复，降低布氏田鼠生境适合度	草地补播参照NY/T 1342—2007执行

（王志鹏）

02 根田鼠
Alexandromys oeconomus

分布与危害 主要分布于新疆、青海、陕西、宁夏、四川、甘肃等地，栖息于海拔2000～3800米的山地、森林、草甸草原、草甸、灌丛等地带的潮湿地段，如溪流沿岸、灌丛草原河滩地，泉水溢出地带和沼泽草甸等。根田鼠严重危害时每公顷有效洞口可达1500个以上，数量众多的洞道及频繁的挖掘活动加剧了草地退化，严重时形成鼠荒地。

主要形态特征 仓鼠科东方田鼠属。体长88～125毫米。尾较长而细，约为体长的1/3。后足较小，通长小于20毫米，耳壳正常，露出毛被外，并被以短毛。身体背面自吻部沿额部、颈背部、背部到臀部毛色一致，呈深棕褐色或灰褐色，毛基均为黑色或黑灰色。耳壳毛色与体背同。体腹面毛基黑色，毛尖白色或棕白色，故腹面呈灰白或淡棕黄色，尾两色分明，上面黑褐色，下面灰白或淡黄色。前后足背面污白色或浅灰褐色，爪浅褐色。头骨比较坚实。吻短。眶上嵴十分发达，并在眶间中部汇合，成一条隆起较高的矢状嵴。颧弓向外扩展，脑颅后部缩狭。腭骨后缘与翼状骨联结，两边翼窝较大。听泡膨胀而大，其长在7毫米以上。牙齿结构与田鼠属各种类似，第一上白齿两侧各具3个凸角；第二上白齿的舌侧具2个凸角，唇侧有3个凸角；第三上白齿舌侧有4个凸角，唇侧具3个凸角；第一下白齿的横叶之前具4个封闭齿环，第五个齿环与前方似新月形的小叶相通。

根田鼠（李东霞提供）

根田鼠（张堰明提供）

生物学特性 不冬眠，在植物返青期即开始采食，在植物生长期取食植物幼嫩茎叶，枯草期主要取食植物种子和根茎，日食量约38克。昼夜均活动，以白天活动为主，5：30出巢，20：45左右停止活动，在地面觅食、清理毛发、游走活动或短时间静坐，活动具有明显的节律。牧草返青初期开始繁殖，繁殖期间每日在外活动时间8小时以上；牧草枯黄期停止繁殖，巢外活动时间锐减至4小时。高寒地区每年产仔1～2胎，气候适宜地区年产约2～4胎，每胎3～5只，各年龄组的生殖能力有较大的差异，0.5～1年年龄组的雌鼠生殖能力最强，怀胎率36.2%，每胎幼仔数平均4.88只。筑洞穴居，洞道较简单，大多为单一洞口；筑窝于草堆、草根、树根之下方，个别筑有外窝。

根田鼠防治历 （以青海省为例）

时间	防治方法	要点说明
11月—翌年3月	药剂防治：投放C型或D型肉毒素水剂配制成的毒饵、C型毒素饵粒、雷公藤甲素颗粒剂。饵料可选用燕麦、小麦、青稞、胡萝卜等。以100万毒价/毫升C型毒素为例，配制0.1%毒饵，比例为1毫升毒素：80毫升水：1000克饵料。毒饵投放量根据药物说明书、当地鼠害危害程度、投放方式确定	1.水剂须在-10℃冻结运输保存 2.配制饵料严禁用碱水或热水。刚配置好的毒饵要装袋，在2～5℃环境中闷12小时或过夜后使用。气温过低导致冷冻结冰会影响药物渗透到饵料，温度过高会失效。未投放完的毒饵需在2～5℃下储存，2天后失效 3.投放毒饵后必须禁牧16天 4.不宜连续两年投放同一种药剂，以防产生抗药性 5.农药使用应符合《农药管理条例》和NY/T 1276—2007的规定
全年	物理防治：可采用活套法和置夹法进行捕杀。活套放在洞口内约6厘米处。弓形夹采用0～1号大小为宜	1.将活套做成比洞口稍小的圆环，使老鼠出洞时头可钻入活套，但身体无法钻出。放置时，将活套环的下半部分紧贴洞壁，上部距离洞顶5毫米左右 2.弓形夹放置于根田鼠洞口前跑道
	天敌防治：建设鹰墩、鹰架、鹰巢，招鹰控鼠；依法驯化繁育并投放当地野生狐狸控制鼠害	1.鹰架安置区要地势平坦、开阔、离永久性建筑物或电杆400米以上。每个鹰架控制20～33公顷草原鼠害，鹰架之间距离500米以上 2.减少人类活动对狼、蛇、鼬科动物等天敌的影响 3.天敌防控区域避免使用任何化学农药
	生态防治：在根田鼠种群密度较低的区域，可采取禁牧、休牧、封育、草地补播等方法，以利植被恢复，降低根田鼠生境适合度	1.草地补播参照NY/T 1342—2007执行 2.草地补播应避开根田鼠储食期

（唐炳民）

03 黄兔尾鼠
Eolagurus luteus

分布与危害 主要分布于新疆、青海和内蒙古等地，常栖息于丘陵或荒漠草原，少见于草甸草原。黄兔尾鼠严重危害时，可使牧场产草量降低30%～40%。其挖掘的洞系遍布草地，并将下层生土堆积地表，覆盖植被，造成地表裸露。黄兔尾鼠不仅将洞口周围的植物啃光，而且还迁移至其他草地觅食，因此常给牧场带来灾害性损失。

主要形态特征 仓鼠科东方兔尾鼠属。个体大，体长100～145毫米。尾较短，尾长短于后足长，占体长的12%。耳小，耳长仅4毫米，外壳发育正常，但隐藏在毛被中。夏毛背色土黄到棕黄，杂有沙灰色调。背毛夏皮沙灰色，冬皮沙黄。脊背中央无条纹。体侧及两颊色浅，为鲜艳的黄色。腹毛淡黄。脚背面与底面均为黄色。四肢短。前脚掌及疏部有浓密的毛。爪粗，前脚爪短，短于脚趾长，拇指短小，掌宽大，后足长17～21毫米，平均为18毫米，后足有肉垫，乳头8个。

黄兔尾鼠（沙依拉吾·郝西巴依提供）

黄兔尾鼠（李璇提供）

生物学特性 不冬眠，昼行性，听觉、视觉灵敏，活动随气温变化而变化，温暖季节出入洞时间大致与当地日出日落时间一致，气温较低时活动时间减少。黄兔尾鼠夏季以植物的绿色部分为食，对栖息地内各种牧草均不避忌，甚至撂荒地中的猪毛菜和骆驼蓬等亦不拒食；秋季亦取食种子，有储食习性，冬季储粮不足时在雪下觅食；4月中旬开始繁殖，9月中旬繁殖结束，年繁殖3次，每胎5～7只，幼鼠性成熟早，出生45日龄后即可参与当年繁殖。黄兔尾鼠为家族群居生活，洞道系统结构与栖息环境有关，河谷地区鼠兔洞道复杂，每个洞群有3～20个洞口，多者可达50个，洞口直径一般4～9厘米，洞道离地面一般15～25厘米，洞道弯曲长短不一，长则4～8米，短则1～2米。黄兔尾鼠种群数量年际波动幅度较大，当种群密度过高，种内竞争激烈时，具有迁移现象。

黄兔尾鼠防治历 （以新疆维吾尔自治区为例）

时间	防治方法	要点说明
11月—翌年3月	药剂防治：投放C型或D型肉毒素水剂配制成的毒饵、C型毒素饵粒、雷公藤甲素颗粒剂。饵料可选用燕麦、小麦、青稞、胡萝卜等。以100万毒价/毫升C型毒素为例，配制0.1%毒饵，比例为1毫升毒素：80毫升水：1000克饵料。毒饵投放量根据药物说明书、当地鼠害危害程度、投放方式确定	1.水剂须在-10℃冻结运输保存 2.配制饵料严禁用碱水或热水。刚配置好的毒饵要装袋，在2～5℃环境中闷置12小时或过夜后使用。气温过低导致冷冻结冰会影响药物渗透到饵料，温度过高会失效。未投放完的毒饵需储存在2～5℃环境中，2天后失效 3.投放毒饵后必须禁牧16天 4.不宜连续两年投放同一种药剂，以防产生抗药性 5.农药使用应符合《农药管理条例》和NY/T 1276—2007的规定
全年	物理防治：可采用活套法和置夹法进行捕杀。活套放在洞口内约6厘米处，弓形夹采用0～1号大小为宜	1.适用于黄兔尾鼠危害较轻的草场 2.将活套做成比洞口稍小的圆环，使老鼠出洞时头不钻入活套，但身体无法钻出。放置时，将活套环的下半部分紧贴洞壁，上部距离洞顶5毫米左右 3.弓形夹放置于黄兔尾鼠洞口前的跑道
全年	天敌防治：建设鹰墩、鹰架、鹰巢，招鹰控鼠	1.鹰架安置区要地势平坦、开阔，离永久性建筑物或电杆400米以上。每个鹰架控制20～33公顷草原鼠害，鹰架之间距离500米以上 2.减少人类活动对狼、蛇、鼬科动物等天敌的影响 3.天敌防控区域避免使用任何化学药
	生态防治：在黄兔尾鼠种群密度较低的区域，可采取禁牧、休牧、封育、草地补播等方法，以利植被恢复，降低黄兔尾鼠生境适合度	1.草地补播参照NY/T 1342—2007执行 2.草地补播应避开黄兔尾鼠储食期

（王志鹏，李璇）

04 草原兔尾鼠
Lagurus lagurus

分布与危害 在我国仅分布于新疆,栖息地可从海拔700米的山前平原、丘陵平原荒漠上升至海拔2800米的亚高山草原。平原上的草原兔尾鼠多栖息于以蒿属植物为主的天然草原、灌溉草场、老苜蓿地、耕翻地、作物畦埂、道路两侧和渠沟两岸。山地的草原兔尾鼠多栖息于草甸草原及亚高山草甸,地形微有起伏的丛生禾本科杂草地段。草原兔尾鼠种群数量年际波动幅度较大,严重危害时年份每公顷洞口数最多可达3000个。主要以啃食草根、挖洞等方式破坏草场,降低草原植被盖度,加剧水土流失,加速生态环境恶化。

主要形态特征 仓鼠科兔尾鼠属。体长84~100毫米;尾短,耳朵短,耳长3~6毫米,隐于毛被之下;四肢短,后足长11~15毫米。背毛浅灰棕色,脊背中央有一条细而明显的黑色条纹。体侧色浅,为浅棕色;腹毛浅灰黄色。尾二色,尾背浅黄,底面白色。前、后脚的背面浅黄,前脚掌无毛,后足长毛白色。头骨较扁平。鼻骨短而宽。草原兔尾鼠臼齿没有齿根,终生不断生长。臼齿的齿冠高,凹角既深又宽。

草原兔尾鼠(吴建国提供)

生物学特性 不冬眠,冬季在雪被之下挖掘"雪道",以寻觅食物。这种"雪道"纵横交织,其中可见被草原兔尾鼠啃食过的植物残枝碎叶和鼠粪。暖季早晚活跃,栖居亚高山草地的幼鼠,初夏活动十分频繁,每日出洞40~48次,每次洞外觅食活动时间5~10分钟,长者可达28分钟。活动范围多在洞口周围和"跑道"附近。冷季中午出洞活动。主要食物为羽茅、狐茅等喜旱窄叶禾本科草类和一些蒿属植物的茎叶。夏秋季节将咬断的植物茎叶堆放

草原兔尾鼠(吴建国提供)

在洞口附近晒干，以备冬季食用。草堆重量不等，一般为61～547克。3月底4月初繁殖开始，10月下旬繁殖结束，6—8月为繁殖盛期。繁殖力极强，雌鼠出生45天左右，体长达76毫米，体重达18克时即可达性成熟，开始繁殖。年繁殖4～5次，每胎4～8只。草原兔尾鼠群居、穴居，洞口较小，洞间有明显的跑道相连。洞群数量不定，少则20余个，最多有130个洞口。迁移行为发生在山前平原或丘陵平原栖息地，由于受到耕作和灌溉等人为因素的干扰，常迫使草原兔尾鼠进行季节性的短距离迁移。

草原兔尾鼠防治历（以新疆维吾尔自治区为例）

时间	防治方法	要点说明
11月—翌年3月	药剂防治：投放C型或D型肉毒素水剂配制成的毒饵、C型毒素饵粒、雷公藤甲素颗粒剂。饵料可选用燕麦、小麦、青稞、胡萝卜等，以100万毒价/毫升C型毒素为例，配制0.1%毒饵，比例为1毫升毒素：80毫升水：1000克饵料。毒饵投放量根据药物说明书、当地鼠害危害程度、投放方式确定	1.水剂须在-10℃冻结运输保存 2.配制饵料严禁用碱水或热水。刚配置好的毒饵要装袋，在2～5℃环境中闷置12小时或过夜后使用。气温过低导致冷冻结冰会影响药物渗透到饵料，温度过高会失效。未投放完的毒饵需储存在2～5℃环境中，2天后失效 3.投放毒饵后必须禁牧16天 4.不宜连续两年投放同一种药剂，以防产生抗药性 5.农药使用应符合《农药管理条例》和NY/T 1276—2007的规定
全年	物理防治：可采用活套法和置夹法进行捕杀。活套放在洞口内约6厘米处。弓形夹采用0～1号大小为宜	1. 将活套做成比洞口稍小的圆环，使老鼠出洞时头可钻入活套，但身体无法钻出。放置时，将活套环的下半部分紧贴洞壁，上部距离洞顶5毫米左右 2. 弓形夹放置于草原兔尾鼠洞口前跑道
全年	天敌防治：建设鹰墩、鹰架、鹰巢，招鹰控鼠	1.鹰架安置区要地势平坦、开阔，离永久性建筑物或电杆400米以上。每个鹰架控制20～33公顷草原鼠害，鹰架之间距离500米以上 2.减少人类活动对狼、蛇、鼬科动物等天敌的影响 3.天敌防控区域避免使用任何化学农药
全年	生态防治：在草原兔尾鼠种群密度较低的区域，可采取禁牧、休牧、封育、草地补播等方法，以利植被恢复，降低草原兔尾鼠生境适合度	1.草地补播参照NY/T 1342—2007执行 2.草地补播应避开草原兔尾鼠储食期

（吴建国，李璇）

05 青海松田鼠
Neodon fuscus

分布与危害　青海松田鼠为青海省特有种,目前仅见于通天河及黄河上游地区的沱沱河、曲麻莱、称多、清水河,玛多扎陵湖畔、玛沁等地,常栖息于海拔3700~4800米的沼泽草甸、高寒草甸草原、高寒荒漠草原,喜具有嵩草、萎陵菜、苔草、莎草的草地疏丛型草地及灌丛草地;采食禾本科等单子叶植物,也采食双子叶植物,喜食绿色多汁部分和草籽;严重危害区每公顷数量超过300只,其洞系往往连成一片,几乎占到栖息地的所有生境地段,并散发浓烈的腥臭味,易造成大面积连片的鼠荒地。

主要形态特征　仓鼠科松田鼠属。体长约130毫米,耳小,尾短,爪强大。吻部短,耳小而圆,其长不及后足长。尾长约为体长之1/4。四肢粗短,爪较强大,适应于挖掘活动。青海松田鼠躯体背毛较长而柔软。鼻端黑褐色。体背毛暗棕灰色,其毛基灰黑色,毛端棕黄色,并混杂有较多黑色长毛。腹面毛色灰黄,毛基灰黑色,毛端淡ső或土黄色。耳壳后基部具十分明显的棕黄色斑。尾明显二色,上面毛色同体背,下面为沙黄色,尾端具黑褐色毛束。前后足毛色同体背或稍暗,足掌及趾为明显的黑色。爪黑色或黑褐色。青海松田鼠头骨较粗壮。

青海松田鼠(刘少英提供)

上颌骨突出于鼻骨前端,鼻骨前端不甚扩大。眶间部显著狭缩,左右眶上嵴紧紧相靠近至相互接触。颧弓较粗壮。腭孔显,较粗大,腭骨后缘有小骨桥与左右翼骨突相连。青海松田鼠上门齿斜向前下方伸出。上、下门齿唇面为黄色或橙黄色,舌面白色。第三上臼齿前叶甚小,其内缘不具凹角。第一下臼齿横叶之前有四个封闭的三角形齿环,第五个齿环常与前叶相通。第二下臼齿横叶前第三、四个三角形齿环常相通。第三下臼齿由3个斜列的齿环组成。

生物学特性　具冬眠习性,群居。以白天活动为主,但幼体夜间亦有零散活动。洞外活动时间受环境因素的影响较大,在晴天有阳光时其活动明显增加,阴天活动强度减弱,雨雪天较少有外出活动，6—8月气温较高时活动时间分布呈双峰型，峰值分别出现在10：30—12：30和16：30—18：30，雌、雄性青海松田鼠夏秋季白天活动规律基本相同。青海松田鼠对食物的选择随季节而变化，6月中旬以前喜食菱陵菜的根茎；6月中旬以后喜食苔草、嵩草、披碱草、针茅等植物的绿色部分。青海松田鼠日食鲜草26～38克，约为体重的一半。4—8月是青海松田鼠繁殖期，4月中旬怀孕，5月上旬、中旬开始分娩，每胎3～15只，并一直持续至8月下旬；6月中旬、下旬可见幼鼠在地面活动。青海松田鼠挖掘洞道能力极强，洞道离地面10～20cm，洞口相互连通。洞道分越冬洞、夏季洞和临时洞，越冬洞构成复杂，夏季洞和临时洞构成简单。巢多在仓的附近，巢高一般30厘米，巢顶离地面20～40厘米。青海松田鼠具有较强的迁移习性，迁移距离可达数公里。

青海松田鼠防治历 （以青海省为例）

时间	防治方法	要点说明
11月—翌年3月	药剂防治：投放C型或D型肉毒素水剂配制成的毒饵、C型毒素饵粒、雷公藤甲素颗粒剂。饵料可选用燕麦、小麦、青稞、胡萝卜等。以100万毒价/毫升C型毒素为例，配制0.1%毒饵，比例为1毫升毒素：80毫升水：1000克饵料。毒饵投放量根据药物说明书、当地鼠害危害程度、投放方式确定	1.水剂须在-10℃冻结运输保存 2.配制饵料严禁用碱水或热水。刚配置好的毒饵要装袋，在2～5℃环境中闷置12小时或过夜后使用。气温过低导致冷冻结冰会影响药物渗透到饵料，温度过高会失效。未投放完的毒饵需储存在2～5℃环境中，2天后失效 3.投放毒饵后必须禁牧16天 4.不宜连续两年投放同一种药剂，以防产生抗药性 5.农药使用应符合《农药管理条例》和NY/T 1276—2007的规定
全年	物理防治：可采用活套法和置夹法进行捕杀。活套放在洞口内约6厘米处。弓形夹采用0～1号大小为宜	1.将活套做成比洞口稍小的圆环，使青海松田鼠出洞时头可钻入活套，但身体无法钻出。放置时，将活套环的下半部分紧贴洞壁，上部距离洞顶5毫米左右 2.弓形夹放置于青海松田鼠洞口前跑道
全年	天敌防治：建设鹰墩、鹰架、鹰巢，招鹰控鼠	1.鹰架安置区要地势平坦、开阔、离永久性建筑物或电杆400米以上。每个鹰架控制20～33公顷草原鼠害，鹰架之间距离500米以上 2.减少人类活动对狼、蛇、鼬科动物等天敌的影响 3.天敌防控区域避免使用任何化学农药
全年	生态防治：在青海松田鼠种群密度较低的区域，可采取禁牧、休牧、封育、草地补播等方法，以利植被恢复，降低青海松田鼠生境适合度	1.草地补播参照NY/T 1342—2007执行 2.草地补播应避开青海松田鼠储食期

（唐炳民）

06 高原松田鼠
Neodon irene

分布与危害 高原松田鼠又称松田鼠、拟田鼠，主要分布于甘肃、青海、四川、云南、西藏等地，栖息于海拔2000～4000米左右草原和林缘草坡。高原松田鼠严重危害区每公顷有效洞口超过1500个以上，数量众多的洞道及挖掘活动造成大面积连片的鼠荒地，加剧草原退化。

主要形态特征 仓鼠科松田鼠属。体长80～130毫米，尾较短而细，被毛短，长22～35毫米，不超过后足长2倍。耳壳露出，被毛短，四肢爪很细弱。躯体自吻部、额部、两耳壳、颈、背至臀部毛色一致，呈暗褐色或暗黄褐色，毛基黑灰色；腹部呈灰白色、银灰色或浅棕褐色，毛基灰色，毛端白色，有的稍染淡棕色毛尖。尾双色，上面浅褐色或浅棕色，下面灰白或污白色。四肢上面污白或浅棕褐色。头骨略狭长。眶间区的颅嵴很弱，脑颅圆而稍隆起呈弧形。听泡隆起，但较小。

高原松田鼠（唐俊伟提供）

生物学特性 主要采食害苔草、嵩草和珠牙蓼等，夏季喜食牧草幼嫩的茎叶及根，秋季则喜食牧草的草籽。食量约每日35克。根据观察及幼鼠出现的时间，其繁殖期主要集中在5—8月。海拔在3000米以上高寒地区每年产仔1～2胎，其他地区视气候、食物条件年约产仔2～4胎，每胎4～7只。高原松田鼠洞口小而密集，似蜂窝状。密度大的地区每公顷有洞口3600多个。洞口有明显的跑道，洞口直通洞道，洞道与地面垂直成90°，洞道构造简单且浅。

高原松田鼠防治历

（以青海省为例）

时间	防治方法	要点说明
11月—翌年3月	药剂防治：投放C型或D型肉毒素水剂配制成的毒饵、C型毒素饵粒、雷公藤甲素颗粒剂。饵料可选用燕麦、小麦、青稞、胡萝卜等。以100万毒价/毫升C型毒素为例，配制0.1%毒饵，比例为1毫升毒素∶80毫升水∶1000克饵料。毒饵投放量根据药物说明书、当地鼠害危害程度、投放方式确定	1.水剂须在-10℃冻结运输保存 2.配制饵料严禁用碱水或热水。刚配置好的毒饵要装袋，在2~5℃环境中闷置12小时或过夜后使用。气温过低导致冷冻结冰会影响药物渗透到饵料，温度过高会失效。未投放完的毒饵需储存在2~5℃环境中，2天后失效 3.投放毒饵后必须禁牧16天 4.不宜连续两年投放同一种药剂，以防产生抗药性 5.农药使用应符合《农药管理条例》和NY/T 1276—2007的规定
全年	物理防治：可采用活套法和置夹法进行捕杀。活套放在洞口内约6厘米处。弓形夹采用0~1号大小为宜	1.将活套做成比洞口稍小的圆环，使高原松田鼠出洞时头可钻入活套，但身体无法钻出。放置时，将活套环的下半部分紧贴洞壁，上部距离洞顶5毫米左右 2.弓形夹放置于高原松田鼠洞口前跑道
	天敌防治：建设鹰墩、鹰架、鹰巢，招鹰控鼠	1.鹰架安置区要地势平坦、开阔、离永久性建筑物或电杆400米以上。每个鹰架控制20~33公顷草原鼠害，鹰架之间距离500米以上 2.减少人类活动对狼、蛇、鼬科动物等天敌的影响 3.天敌防控区域避免使用任何化学农药
	生态防治：在高原松田鼠种群密度较低的区域，可采取禁牧、休牧、封育、草地补播等方法，以利植被恢复，降低高原松田鼠生境适合度	草地补播参照NY/T 1342—2007执行

（唐俊伟）

07 五趾跳鼠
Orientallactaga sibirica

分布与危害 主要分布于黑龙江、吉林、辽宁、内蒙古、河北、宁夏、陕西、甘肃、青海、新疆等地。主要栖息于温性草原和以梭梭为主的荒漠半荒漠生境中，在青海栖息于海拔2500米的山麓平原和丘陵地带的羽茅和苔草草地上，在内蒙古栖息于山坡草地。采食草籽，引起草地农田减产，影响草原植被更新，破坏生态环境。

主要形态特征 跳鼠科东方五趾跳鼠属。五趾跳鼠是跳鼠科中体形最大的一种，成体体长超过130毫米。吻长眼大，耳长大，其长超过或接近颅全长。后肢长为前肢长的3～4倍。后肢5趾，第一、五趾趾端不达其他三趾基部。尾长，末端有黑白长毛组成的毛束，端部毛束发达。体背棕黄色，毛基灰色，由于部分毛有短的黑尖，同时灰色毛基也常显露于外，因而在棕黄底色上常表现出灰色；耳内外侧边缘有淡沙黄色短毛；

五趾跳鼠（刘晓辉提供）

颊部及体侧色较淡；腹毛及四肢内侧为纯白色；尾上方棕黄色，下面污白色，末端为黑、白色长毛组成的毛束，黑色部分成环状，腹面不被白毛所隔断，其前方有一段毛且端毛为白色。脑颅骨宽大而隆起，无明显的嵴；额骨与鼻骨之间有一浅凹陷；顶间骨大，其宽约为长的2倍，眶下孔极大，呈卵圆形；颧弓较纤细，其后部较前端宽，有一垂直向上的分支，沿眶下孔外缘的后部伸至泪骨附近，门齿孔长，外缘明显外突，末端超过上臼齿列前沿的水平线。腭孔1对，与第二上臼齿相对。听泡隆起，较巨泡五趾跳鼠的听泡为小，其前端在腹面正中相距较远。下颌内细长而平直，角突上有一卵圆形小孔。

生物学特性 具冬眠习性，3月中旬至4月上旬出蛰。非繁殖期独居，且经常更换住处。活动能力强，在清晨和黄昏活动，有时白天也外出活动。主要以植物种子及茎叶和昆虫为食。动物性食物主要是甲虫和蝗虫，植物性食物主要以狗尾草、紫云英等植物种子为主。每年繁殖一次，4、5月为交配高峰期，每胎2～7仔，一般3～4仔。此时雄鼠活动范围大，而且频繁。雄性多于雌性。6月多数孕鼠开始产仔，并进入哺乳期，这时两性比例渐接近。7月份幼鼠大量出洞，而其中大多数为小雄鼠，8月后至入蛰两性比例基本平衡，因此该鼠种群内的性比具有伴随季节变化的规律，5—8月均可发现孕鼠。6—7月开始换毛。洞道简单，为一直洞或洞内仅有一短小的岔道，洞道一般长5米，洞口直径约6厘米。洞内有鼠时洞口常用土块堵塞。分娩和育仔洞则较复杂，洞道长60～150厘米。在离洞口不远处的洞道比较狭窄，洞道末端为单室；临时洞简单，长约6～120厘米，无曲折，洞口常从后面向外堵住，平时多在临时洞中栖息。具有迁徙习性。趋光，夜间常在公路上被车灯诱来而辗死。

五趾跳鼠防治历 （以内蒙古自治区为例）

时间	防治方法	要点说明
3月中旬—9月下旬	药剂防治：投放雷公藤甲素颗粒剂或溴敌隆饵剂进行防治。毒饵投放量根据药物说明书、当地鼠害危害程度、投放方式确定	1.药剂防治一般在繁殖期前进行，分为春秋两季，春季防治一般在3月中旬至4月下旬，秋季防治一般在8月中旬至9月下旬 2.不宜连续两年投放同一种药剂，以防产生抗药性 3.鼠尸应尽快处理 4.溴敌隆属于化学药剂，建议在严重危害时应急使用
	物理防治：可使用挖洞法、钩杆法或火诱发防治五趾跳鼠。挖洞法：找到跳鼠洞口后，先在洞口附近用手指探查暗窗，然后用物品将暗窗的开口盖住，再循洞找鼠。杆钩法：用长约3米的柳条棍，顶端装一铁质倒钩，以此杆迅速插入有鼠的洞道，钻通堵洞的土栓，将五趾跳鼠拧在挑钩上，拖出击毙。火诱法：在无月光的黑夜点燃火堆，当跳鼠发现火光后即会前来，此时，手持树枝贴地横扫，使其腿部受伤，不能跳跃，乘机捕捉	1.人工捕捉时应尽量减少人鼠接触，防止鼠传疾病的感染 2.使用挖洞法防治五趾跳鼠应佩戴手套，同时须时刻警惕它由洞口窜出 3.使用火诱法捕杀五趾跳鼠宜在阴天操作，月色明亮的夜晚效果不大 4.捕获到的五趾跳鼠，如无特殊用途应尽快击毙，并填埋处理，防止鼠疫传播
	天敌防治：建设鹰墩、鹰架、鹰巢、招鹰控鼠；依法驯化繁育并投放当地野生狐狸控制鼠害	1.鹰架安置区要地势平坦、开阔、离永久性建筑物或电杆400米以上。每个鹰架控制20～33公顷草原鼠害，鹰架之间距离500米以上 2.注意保护天敌，减少人类活动对天敌的影响 3.天敌防控区域避免使用任何化学农药
全年	生态防治：可适当采取禁牧、休牧、封育、草地补播等方法，以利植被恢复，降低鼠类栖息生境的适合度，长期有效抑制害鼠种群增长	草地补播参照NY/T 1342—2007执行

（王瑾）

08 三趾跳鼠
Dipus sagitta

分布与危害　主要分布在黑龙江、吉林、辽宁、内蒙古、陕西、宁夏、甘肃、青海及新疆等地。栖息地地势高且干燥，具有松软的沙质土，地表植物稀少，覆盖度不超过40%，喜具有梭梭、沙拐枣为主的灌木荒漠、红柳沙丘、胡杨疏林沙丘，以及沙蒿、沙柳为主的沙生植被的环境。三趾跳鼠在草场盗食沙蒿、柠条等固沙植物种子及其幼苗，加剧沙地植被退化，破坏防风固沙工作成果。

主要形态特征　跳鼠科三趾跳鼠属。体长约101～155毫米，尾长占体长1/3以上。头和眼大，耳较短，前折不超过眼的前缘。耳壳前方有一排栅栏状白色硬毛。门齿橘黄色，中央有浅沟。全身被柔软细毛，体被毛色变异较大，一般从灰棕色或棕红色到沙棕色或沙土黄色。尾末端的簇毛蓬松，呈特殊的"旗帜"状。前肢短小，五趾，爪甚尖利，后肢长，长度约为前肢的3～4倍，三趾两侧的拇趾

三趾跳鼠（刘晓辉提供）

和小趾退化，侧扁，呈镰刀状，趾间及其后方有粗长、茂密的趾毛，并在中线部成脊状。三趾跳鼠颅骨短而宽，鼻骨前端具一缺刻，鼻骨与额骨相交处明显下凹，门齿橘黄色，中央有浅沟，上门齿几乎与上颌垂直，前面黄色，中央有浅沟。前臼齿的高度不及第一上臼齿之半，其横截面为圆形。第一臼齿很大，其余两枚臼齿依次渐小。下颌臼齿3枚。下颌门齿前面亦为黄色，下颌门齿的齿根很长，达于髁状突之外下方，形成一突起。

生物学特性　具冬眠习性，9—10月入蛰，首先入蛰的是老年雄性个体，其次是成年雌性个体，最后为幼体。出蛰时间各地并不一致，一般在3—4月出蛰。三趾跳鼠为夜行性动物，白天藏身在洞中，并用细沙掩埋洞口，傍晚出洞觅食，天色初明才返回洞中或另行挖洞，行动时用后足着地纵跳窜跃，最大距离可达4米。一般的风沙和细雨并不妨碍其活动，风速太大或阴雨连绵时，活动降低或停止，风息雨停后活动更加频繁。食性具有明显的季节变化，主要以植物的茎、叶、果实和根部为食，包括杂草种子、沙蒿、白刺果的茎叶，以及芦苇和禾本科植物的根部。4月下旬到8月上旬为繁殖期，种群数量最高在5月，繁殖高峰在7月，每年繁殖一次，妊娠期约4周。每胎2～3仔。三趾跳鼠为弥散性分布，洞系的构

造相当简单，由入口、洞道、扩大的窝巢、1~2个育道和暗窗等各部组成。每个洞系只有1个洞口，与洞道成15°~20°的交角，径斜下行而到达窝巢、洞道，洞道长短不一，通常为1.5~2米，但位于沙梁上的洞道较长，洞径7.5~9.5厘米，巢室位于洞道末端，呈圆形，距地面约60~70厘米，浅的在30厘米以内；巢圆盆形，由细软杂草构成，直径约13~15厘米。盲洞位于窝巢两侧；暗窗是由洞道或巢室挖向地表的预备通道，末端仅以一薄层沙土阻隔，当洞口受到惊扰时，三趾跳鼠便会突然由暗窗中破洞而逃。洞口常为抛沙所掩埋，但抛沙不聚集成堆。

三趾跳鼠防治历 （以内蒙古自治区为例）

时间	防治方法	要点说明
3月中旬—9月下旬	药剂防治：投放雷公藤甲素颗粒剂或溴敌隆饵剂进行防治。毒饵投放量根据药物说明书、当地鼠害危害程度、投放方式确定	1.药剂防治一般在繁殖期前进行，分为春秋两季，春季防治一般在3月中旬至4月下旬，秋季防治一般在8月中旬至9月下旬 2.不宜连续两年投放同一种药剂，以防产生抗药性 3.鼠尸应尽快处理 4.溴敌隆属于化学药剂，建议在严重危害时应急使用
	物理防治：可使用挖洞法、钩杆法或火诱发防治三趾跳鼠。挖洞法：找到跳鼠洞口后，先在洞口附近用手指探查暗窗，然后用物品将暗窗的开口盖住，再循洞找鼠。杆钩法：用长约3米的柳条棍，顶端装一铁质倒钩，以此杆迅速插入有鼠的洞道，钻通堵洞的土栓，将三趾跳鼠拧在挑钩上，拖出击毙。火诱法：在无月光的黑夜点燃火堆，当跳鼠发现火光后即会前来，此时，手持树枝贴地横扫，使其腿部受伤，不能跳跃，乘机捕捉	1.人工捕捉时应尽量减少人鼠接触，防止鼠传疾病的感染 2.使用挖洞法防治三趾跳鼠应佩戴手套，同时须时刻警惕它由洞口窜出 3.使用火诱法捕杀三趾跳鼠宜在阴天操作，月色明亮的夜晚效果不大 4.捕获到的三趾跳鼠，如无特殊用途应尽快击毙，并填埋处理，防止鼠疫传播
4—9月	天敌防治：建设鹰墩、鹰架、鹰巢，招鹰控鼠；依法驯化繁育并投放当地野生狐狸控制鼠害	1.鹰架安置区要地势平坦、开阔、离永久性建筑物或电杆400米以上。每个鹰架控制20~33公顷草原鼠害，鹰架之间距离500米以上 2.注意保护天敌，减少人类活动对天敌的影响 3.天敌防控区域避免使用任何化学农药
全年	生态防治：可适当采取禁牧、休牧、封育、草地补播等方法，以利植被恢复，降低鼠类栖息生境的适合度，长期有效抑制害鼠种群增长	草地补播参照NY/T 1342—2007执行

（程天亮）

09 子午沙鼠
Meriones meridianus

分布与危害 主要分布在河北、内蒙古、山西、陕西、宁夏、甘肃、青海、新疆等地。主要栖息于荒漠或半荒漠地区的灌木和半灌木丛生的沙丘和沙地，偶见于非地带性的沙地。子午沙鼠取食泡泡刺、沙拐枣、柽柳、梭梭和猪毛菜等沙生植物的茎叶及种子，对荒漠固沙植物有很大危害。同时，子午沙鼠亦为重要的防疫鼠类，是鼠疫、出血热、皮肤利什曼病和布氏杆菌病的自然宿主。

主要形态特征 鼠科沙鼠属。体型中等，一般不超过150毫米，尾长接近或略超过体长。耳较短小，约为后足长的1/2。耳壳前缘密生1列长毛，耳壳内表面无毛。后足有密毛，只在足跟部有一很小的无毛圆块小区。身体背面沙黄色或浅棕黄色，腹毛从尖端到基部全为洁白色。体侧毛色较浅，呈沙黄色。腹面自喉部至尾基均为纯白色。背腹毛在体侧分界明显。四肢内侧毛色同腹部毛色，外侧带沙黄色。尾毛密生，呈棕黄色或棕色，尾梢的毛延伸成束状。爪的尖部白色，基部浅褐色。子午沙鼠和其他沙鼠的区别是：具棕色或棕黄色的尾，尾端毛束不发达，跖部全被白毛；同长爪沙鼠的区别在于腹毛无灰色基部而纯白。头骨轮廓与长爪沙鼠相似，但略较宽大。听泡发达，两听孔间距离远超过颅长之半，鼻骨狭长，前后宽窄相近，后端稍窄不尖突。两额骨在后部略隆起。顶骨宽大。上门齿具一纵沟，稍偏于外侧。臼齿与其他沙鼠相似。

子午沙鼠（毕力格提供）

子午沙鼠（郭永旺提供）

生物学特性 不冬眠，夜行性，群居，但族群规模较小，常以1雄1雌方式共栖。活动高峰时间集中在22：00—24：00，4：00—6：00有一个小高峰。冬季有储粮习性，洞内储存食物有限，因此冬季常常出洞活动；可以远离洞口觅食，活动距离60～870米，平均活动距264米。觅食活动趋远离洞口，仅在交配期或哺乳期才限于洞口周围取食。食物主要为环境中的耐旱植物，如泡泡刺、沙拐枣、怪柳、梭梭和猪毛菜等沙生植物种子，也啃食植物的茎叶等绿色部分。子午沙鼠在内蒙古的繁殖期为4—10月，可产仔2或3胎，每胎平均5～7只；在阿拉善盟3月下旬可见到孕鼠。打洞穴居，洞道不甚复杂。洞口的形状、数量常因栖息地土壤不同而有很大差异，洞口方向朝南居多，洞径3～6厘米，洞口数量1～3个，洞道曲折，分支多，相互连接，洞道总长度2～3米，深3～4厘米，洞内有巢室1个和生殖室3～4个。巢室位于最深处干沙层，距离地面4～75厘米，垫有草根、软草、兽皮等物。该鼠具有随季节变化迁移觅食的习性，迁移距离一般不超过1米。

子午沙鼠防治历 （以内蒙古自治区为例）

时间	防治方法	要点说明
3—4月	药剂防治：投放毒饵。毒饵可采用雷公藤甲素颗粒剂、C型或D型肉毒素配制的毒饵、C型毒素饵粒等。饵料可选用燕麦、小麦、青稞、胡萝卜等。毒饵投放量根据药物说明书、当地鼠害危害程度、投放方式确定	1.子午沙鼠从春季到秋季数量能增加10倍，因此春季是最佳防治时间 2. C型或D型肉毒素水剂须在-10℃冻结运输保存 3. C型或D型肉毒素配制饵料严禁用碱水或热水。刚配置好的毒饵要装袋，在2～5℃环境中闷置12小时或过夜后使用。气温过低导致冷冻结冰会影响药物渗透到饵料，温度过高会失效。未投放完的毒饵需储存在2～5℃环境中，2天后失效 4.投放毒饵后必须禁牧16天 5.不宜连续两年投放同一种药剂，以防产生抗药性 6.农药使用应符合《农药管理条例》和NY/T 1276—2007的规定
3-10月	天敌防治：建设鹰墩、鹰架、鹰巢，招鹰控鼠；依法驯化繁育并投放当地野生狐狸控制鼠害	1.鹰架安置区要地势平坦、开阔、离永久性建筑物或电杆400米以上。每个鹰架控制20～33公顷草原鼠害，鹰架之间距离500米以上 2.注意保护天敌，减少人类活动对天敌的影响 3.天敌防控区域避免使用任何化学农药
全年	物理防治：布设捕鼠夹、捕鼠笼等捕鼠器械	捕鼠夹常用诱饵有花生米、玉米粒、大豆粒等
	生态防治：可适当采取禁牧、休牧、封育、草地补播等方法，以利植被恢复，降低鼠类栖息生境的适合度，长期有效抑制害鼠种群增长	草地补播参照NY/T 1342—2007执行

（查干）

10 柽柳沙鼠
Meriones tamariscinus

分布与危害 主要分布于内蒙古西北部额济纳旗阿拉善荒漠、甘肃西部安西、敦煌和新疆北部的伊吾、木垒、塔城、巩留、托里、裕民、布尔津、哈巴河等地。柽柳沙鼠多栖息于水分条件比较好,植物生长茂盛的湿地,一般选择河漫滩、灌木丛和生长芦苇、芨芨草的土质湿润地段。柽柳沙鼠采食储食活动直接影响植物的生长发育,造成牧草减产;挖掘洞穴与出洞活动,降低植被盖度,加剧草地退化。此外,柽柳沙鼠还是新疆地区鼠疫等多种流行病的自然宿主之一。

主要形态特征 鼠科沙鼠属。体长150毫米以上,尾短于体长。耳短,耳长相当于后足的1/2。背毛棕褐色,带淡红,毛基部灰色,中段浅棕,毛尖黑色。腹毛纯白,腹中央部分污白色,背毛腹毛分界明显,且分界线平直。侧毛上半部分棕黄色,下半部分白色。颊部污白,眼部具白毛,毛尖黑色,显污白色。耳背与背毛同色,耳廓具稀疏白色内毛,耳缘具白色短毛,耳后具少量白毛。四肢外侧同背色,内侧同腹色。尾背毛发与背毛同色,但杂有大量毛尖棕黑色长毛,且越向尾端黑色部分越长,形成棕黑色毛束。

柽柳沙鼠(李璇提供)

尾腹面基部棕色,其他部分纯白色。前足掌裸露,爪背白色。后肢白色,在疏部中央具一长条棕黑色条状斑。爪暗棕色。

生物学特性 不冬眠,强降雪后仍可见活动踪迹,具有储粮习性,储粮以农作物为主。该鼠是严格的夜行性动物,日落黄昏时开始活动,黎明前停止。外出活动以觅食为主,行动敏捷,一夜之间奔窜出入于许多洞口,多者可超过30个,春夏两季最活跃。该鼠以各种草本植物和灌木的绿色部分、种子、和果实为主要食物,喜爱吃水分较高的食物。3月底至9月下旬繁殖,一年2～3胎,每胎2～10只,平均4～7只,第一批幼鼠5月末出现在地面,约60天后性成熟,参与繁殖。具有两次繁殖高峰,分别为4月和7月,哺乳期约20天。临时洞只有1～2个出口,几乎无分支,无巢室,洞道的第一折曲处通常比较宽大,常留有食物残渣，主要用以避敌和进食。居住洞相对复杂，分为夏用和冬用，主洞道斜行向下，多条支洞；夏季洞穴具2~3个洞口，巢室距地面1米深，呈浅盆形；具储粮盲道。越冬洞具2~3个洞口，巢位距地面2米深，巢室中铺垫物甚多，几乎充满巢室。独居，较少见到3~5洞系在一起，不组成密集洞群。

柽柳沙鼠防治历 （以新疆维吾尔自治区为例）

时间	防治方法	要点说明
3月或9月底	药剂防治：投放C型或D型肉毒素水剂配制成的毒饵、C型毒素饵粒、雷公藤甲素颗粒剂。饵料可选用燕麦、小麦、青稞、胡萝卜等，以100万毒价/毫升C型毒素为例，配制0.1%毒饵，比例为1毫升毒素∶80毫升水∶1000g饵料。毒饵投放量根据药物说明书、当地鼠害危害程度、投放方式确定	1. C型或D型肉毒素水剂须在-10℃冻结运输保存 2. C型或D型肉毒素配制饵料严禁用碱水或热水。刚配置好的毒饵要装袋，在2~5℃环境中闷置12小时或过夜后使用。气温过低导致冷冻结冰会影响药物渗透到饵料，温度过高会失效。未投放完的毒饵需储存在2~5℃环境中，2天后失效 3.投放毒饵后必须禁牧16天 4.不宜连续两年投放同一种药剂，以防产生抗药性 5.农药使用应符合《农药管理条例》和NY/T 1276—2007的规定
全年	天敌防治：建设鹰墩、鹰架、鹰巢，招鹰控鼠；依法驯化繁育并投放当地野生狐狸控制鼠害	1.鹰架安置区要地势平坦、开阔、离永久性建筑物或电杆400米以上。每个鹰架控制20~33公顷草原鼠害，鹰架之间距离500米以上 2.注意保护天敌，减少人类活动对天敌的影响 3.天敌防控区域避免使用任何化学农药
	生态防治：对柽柳杀鼠适生区实施封育和保护，减少地下水开采	主要目的在于维持生态系统稳定。降低鼠类栖息生境的适合度，长期有效抑制害鼠种群增长

（王志鹏）

11 长爪沙鼠
Meriones unguiculatus

分布与危害 主要分布于内蒙古、河北、山西、宁夏、陕西、甘肃、黑龙江、吉林、辽宁等地。常栖息于松软的沙质土壤荒地、固定半固定沙丘、林耕地、渠背、田埂等，常见于盐爪爪、刺蓬、锦鸡儿、盐蒿等植物丛生的沙丘和荒地。长爪沙鼠是荒漠草原鼠疫病原体的主要宿主之一，当种群数量高时，易造成疫病流行。该鼠盗食和储存食物，造成畜牧业农业减产；掘洞盗土，破坏草场植被，减少载畜量，危害畜牧生产，严重时引起草地大面积沙化。

主要形态特征 鼠科沙鼠属。中等大小，体长不超过150毫米，尾长略短于体长，为体长的70%～90%，尾上被密毛，尾端的毛较长，在末端形成"毛束"。后足长21～32毫米；耳约为后足长的1/2，9～17毫米。眼大，耳较明显，耳壳前缘列生有灰白色长毛，耳内侧靠顶端有少而短的毛，其余部分几乎是裸露的，仅有稀疏的白毛。头和体背中央呈棕灰色，幼体颜色较成体灰色更深、成体棕色更浓。背毛毛基灰色，中段淡黄褐色，毛尖黑色，体背杂有少量黑色长毛。体侧和颊部毛色较浅。口角后上方至眼周、眼后及耳基、耳后为污白色条纹。在口角处稍黄而向后则渐白。颏、喉毛为纯白色。四肢外侧毛与背同色。腋下和鼠蹊部的毛也为纯白色，无灰色毛基。腹毛灰白色，具浅灰色毛基，但与背毛分界不明显。爪较长，爪基黑色，爪尖灰黄，趾端有弯锥形强爪，适于掘洞。后肢掌部全部有细毛。

长爪沙鼠（刘晓辉提供）

生物学特性 不冬眠，全年都在活动，有储粮习性。冬季单峰型活动，活动时间为10：00—

长爪沙鼠（刘晓辉提供）

15：00；夏季双峰型活动，5：00—10：00和15：00—19：00。活动范围极大，可由1米至数百米。在荒漠草原，长爪沙鼠主要以滨草、猪毛菜、棉蓬、蒿籽、白刺果、苍耳、胡麻等植物及其种子为食，尤喜食含油种子，有同类相食现象；具有按食物种类分藏的习性，储食量大。长爪沙鼠繁殖能力极强，雌鼠全年都可繁殖，雌雄同居，适宜条件下任何时间都能交尾。繁殖高峰期出现在早春和夏秋之交，孕期2～25天，哺乳期14～28天，一年最多5胎，每胎3～9只，平均5.8只。雌鼠繁殖的最小月龄为7.5个月。春天出生的鼠当年秋季即可参加繁殖。长爪沙鼠为家族群居，每个家族一般为2～17只。洞系结构复杂，通常分临时洞和居住洞。临时洞简单，多为单叉或双叉，长1米左右，洞口1～2个，洞内无窝巢、厕所等，主要为临时避敌或盗贮粮食之用。居住洞非常复杂，每一洞系包括洞口、洞道、仓库、厕所、盲洞、窝巢等。每个洞系一般有5～6个洞口，多者可超过30个，形成洞群。

长爪沙鼠防治历 （以内蒙古自治区为例）

时间	防治方法	要点说明
2—4月	药剂防治：投放毒饵。毒饵可采用雷公藤甲素、C型或D型肉毒素配制的毒饵、C型毒素饵粒等。饵料可选用燕麦、小麦、青稞、胡萝卜等。毒饵投放量根据药物说明书、当地鼠害危害程度、投放方式确定	1.C型或D型肉毒素水剂须在-10℃冻结运输保存 2.C型或D型肉毒素配制饵料严禁用碱水或热水。刚配置好的毒饵要装袋，在2～5℃环境中闷置12小时或过夜后使用。气温过低导致冷冻结冰会影响药物渗透到饵料，温度过高会失效。未投放完的毒饵需储存在2～5℃中，2天后失效 3.投放毒饵后必须禁牧16天 4.不宜连续两年投放同一种药剂，以防产生抗药性 5.农药使用应符合《农药管理条例》和NY/T 1276—2007的规定
3—10月	天敌防治：建设鹰墩、鹰架、鹰巢，招鹰控鼠；依法驯化繁育并投放当地野生狐狸控制鼠害	1.鹰架安置区要地势平坦、开阔、离永久性建筑物或电杆400米以上。每个鹰架控制20～33公顷草原鼠害，鹰架之间距离500米以上 2.注意保护天敌，减少人类活动对天敌的影响 3.天敌防控区域避免使用任何化学农药
全年	物理防治：布设捕鼠夹、捕鼠笼等捕鼠器械	捕鼠夹常用诱饵有花生米、玉米粒、大豆粒等
全年	生态防治：可适当采取禁牧、休牧、封育、草地补播等方法，以利植被恢复，降低鼠类栖息生境的适合度，长期有效抑制害鼠种群增长	草地补播参照NY/T 1342—2007执行

(王志鹏)

12 大沙鼠
Rhombomys opimus

分布与危害　主要分布于内蒙古中部集宁至二连浩特连线向西经甘肃至新疆北部。大沙鼠是典型的荒漠鼠类，典型生境为灌木、半灌木固定的沙丘或沙地。在荒漠草原多呈不连续的岛状分布，多集中在白刺、盐爪爪丛生的沙地或风成沙丘上的灌丛之间。在内蒙古西部荒漠地带，大沙鼠喜栖于梭梭、柽柳、白刺灌丛固定沙丘或垄状沙质荒漠。大沙鼠食量大、储粮多，严重破坏荒漠固沙植物，常爬到2～3米高的梭梭树上取食其嫩枝和韧皮部，啃咬痕迹如同刀削一样，使灌木枝头一片光秃，并且在根部打洞，破坏植物根系，造成早期枯亡，影响梭梭林自然更新和结实，导致梭梭林衰退，加剧沙化；洞群连片，地下洞道贯通，占据荒漠植被发育空间，荒漠牧场的主要害鼠；此外，大沙鼠还是动物流行病的传播者，是鼠疫杆菌等多种流行病病原体的自然宿主。

主要形态特征　鼠科大沙鼠属。体型较大，一般体长150毫米以上，是沙鼠中最大的种类。耳短小，短于后足长的1/2，向脸部前折时不能达到眼部，一般为13～15毫米。前后足趾端具有粗壮而锐利的爪。头、背沙黄色，尾稍灰，具光泽。体侧、颊、眼下及眼后和耳后毛色较背部浅，呈浅淡的沙黄色，毛基灰色，毛尖黑色。体背腹毛色在体侧无明显界限。尾粗大具有密毛，几乎接近体长，尾末端长有较长黑毛，形成毛笔状

大沙鼠（努尔古丽提供）

"毛束"。头骨粗壮而宽大，鼻骨较长，呈前后端等宽的长条状。额骨长而宽，前部中央向下凹，老龄个体尤为明显。上门齿唇面具2条纵沟，外侧一条明显，内侧接近上门齿内侧缘，细而浅。白齿咀嚼面平坦，第一白齿具3个椭圆形齿环，齿环中间相通；第二白齿具2个齿环；第三白齿靠中部两侧各具一浅的凹陷，形成前后两部分。

生物学特性　不冬眠，有储粮习性。家族式群居，少时2只，多时超过10只。以白天活动为主，春季由于食物缺乏在洞外的时间较长，夏季以清晨和傍晚活动最为频繁，冬季活动主要集中在温暖的中午。警觉性高，视觉、听觉较发达。出洞时先将头探出洞外张望，确认无危险时，

才开始觅食,遇到危险时通知同伴后迅速逃跑入洞。该鼠几乎取食所有栖息地内的植物,主要取食植物的茎叶和嫩枝,食量大,胃容量50克。食性随季节变化,春季以梭梭嫩枝中央木质部为主,夏季取食外皮,冬季依靠秋季贮存食物越冬,同时也出洞觅食。夏季偏好含水量高食物,冬季偏好高营养食物。每年3月末进入繁殖季节,第一批幼鼠于5月中旬出现,两批幼鼠出现的时间间隔约45天。每年至少2胎,部分3胎,每胎产仔4～7只。洞道结构复杂,地面出口甚多,形成明显的密集洞群。洞群大小不一,大的洞群地面出口近百个。洞群与洞群之间有界限。在平原沙质荒漠和地形的洞群,由中央向四处扩散,而分布沟谷等地的带状洞群往往是由中心沿一定方向向两头延伸。洞道可分为上下分层或2～3层不等,每层间距离60～70厘米,最上层距地面20～40厘米。洞口直径10～12厘米,洞外有土丘,直径可达80～120厘米,高达40～60厘米。洞道中的一些膨大部分为储存饲料的仓库,大小不一。每个洞系有1～2个巢室。巢位于地面下1～3米,巢内垫有细软的乱草,如芦苇叶、梭梭细枝、沙拐枣的茎皮和骆驼毛等。

大沙鼠防治历 （以内蒙古自治区为例）

时间	防治方法	要点说明
3—4月	药剂防治:投放毒饵。毒饵可采用雷公藤甲素、C型或D型肉毒素配制的毒饵、C型毒素饵粒等。饵料可选用燕麦、小麦、青稞、胡萝卜等。毒饵投放量根据药物说明书、当地鼠害危害程度、投放方式确定	1. C型或D型肉毒素水剂须在-10℃冻结运输保存 2. C型或D型肉毒素配制饵料严禁用碱水或热水。刚配置好的毒饵要装袋,在2～5℃环境中闷置12小时或过夜后使用。气温过低导致冷冻结冰会影响药物渗透到饵料,温度过高会失效。未投放完的毒饵需储存在2～5℃环境中,2天后失效 3. 投放毒饵后必须禁牧16天 4. 不宜连续两年投放同一种药剂,以防产生抗药性 5. 溴敌隆为化学药剂,建议在严重危害时应急使用 6. 农药使用应符合《农药管理条例》和NY/T 1276—2007的规定
3—10月	天敌防治:建设鹰墩、鹰架、鹰巢,招鹰控鼠;依法驯化繁育并投放当地野生狐狸控制鼠害	1. 鹰架安置区要地势平坦、开阔,离永久性建筑物或电杆400米以上。每个鹰架控制20～33公顷草原鼠害,鹰架之间距离500米以上 2. 注意保护天敌,减少人类活动对天敌的影响 3. 天敌防控区域避免使用任何化学农药
全年	物理防治:布设捕鼠夹、捕鼠笼等捕鼠器械	捕鼠夹常用诱饵有花生米、玉米粒、大豆粒等
	生态防治:可适当采取禁牧、休牧、封育、草地补播等方法,以利植被恢复,降低鼠类栖息生境的适合度,长期有效抑制害鼠种群增长	草地补播参照NY/T 1342—2007执行

（查干）

13 草原鼢鼠
Myospalax aspalax

分布与危害 主要分布于内蒙古高原的东部草原地带，另外在与内蒙古毗邻的黑龙江、吉林、辽宁三省的西部及河北的北部高原草原的过渡地带也有分布；主要栖息于土壤质地较为松软的典型草原与草甸。草原鼢鼠取食植物根茎，造成植物茎叶等地上部分枯萎；推土造丘，覆盖植被，降低盖度，造成水土流失；挖掘洞道，造成土层悬空，造成人畜伤亡。

主要形态特征 仓鼠科平颅鼢鼠属。体长约180毫米，尾长于其他鼢鼠。眼退化为眼点，耳退化，仅有耳孔，隐于被毛下。体背毛银灰褐色，成体体毛略带淡赭色，毛基银灰色，无鲜亮锈红色。体侧与四肢毛色渐淡。腹部为稀疏的淡灰色毛，稍带少量污白色毛尖。唇覆白毛，显白色或污白色，少数个体此白色可至鼻上部。面部为灰褐色短毛，向后至提背部逐渐变长。背部与体侧的毛色相似，毛干灰色，毛尖赭色。腹面毛干灰色，先尖污白色，尾及后足背方均被白色短毛。幼兽毛色较深，颈、背部为棕黄色。前爪粗大，第三趾上的爪长约10～20毫米。

生物学特性 营地下生活，极少到地面活动。不冬眠。居住地较固定，活动范围也很局限。草原鼢鼠全天活动，夜间比较活跃；5月和9月为活动高峰期。警觉性强，依靠震动感知地

草原鼢鼠（武晓东提供）

表情况，感知地面生物活动情况后，迅速逃离活动地点，当地面沉寂安静后，才再次恢复活动。秋季觅食产生的土堆大多呈无序排列，土堆的数量及位置，大多都与喜食植物的分布有关。雄鼠洞道呈直线或稍有弯曲，较简单，雌鼠洞道纵横交错可延伸很大面积。具堵洞习性，对光照、温度及空气成分变化敏感，发现下洞道被打开后，前往被打开洞道推土堵住洞口。有迁移及扩散行为，在气候极端年份或种群密度过高、种内竞争激烈时，会迁移或扩散

至生境适宜区域,迁巢距离一般不超过1000米。洞道系统复杂,由洞道、巢室、仓库、厕所,以及废弃堵塞的盲端组成。地表无洞口,洞道距地面一般10~15厘米,洞道较长。越冬洞巢室距地表较深,一般在1~2米处,最深超过2.5米。洞内有仓库多个,巢室1~3个。繁殖期4—6月,5月雌鼠妊娠率最高,每胎1~6只,7月上旬可见到幼鼠活动。

草原鼢鼠防治历 （以内蒙古自治区为例）

时间	防治方法	要点说明
3—5月, 9—10月	药剂防治:利用钎探找到草原鼢鼠有效洞道,投放C型或D型肉毒素水剂配制成的毒饵、C型毒素饵粒、雷公藤甲素颗粒,每一洞道内投放10~15粒,投放完成后立即将洞口封闭	1. 药物防治草原鼢鼠,寻找有效洞道是关键,注意用钎探在新鼠丘附近寻找 2. 防治时间以草原鼢鼠春季繁殖期(3—5月)或秋季储粮期(9—10月)为宜 3. C型或D型肉毒素水剂须在-10℃冻结运输保存 4. C型或D型肉毒素配制饵料严禁用碱水或热水。刚配置好的毒饵要装袋,在2~5℃环境中闷置12小时或过夜后使用。气温过低导致冷冻结冰会影响药物渗透到饵料,温度过高会失效。未投放完的毒饵需储存在2~5℃环境中,2天后失效 5. 投放毒饵后必须禁牧16天 6. 不宜连续两年投放同一种药剂,以防产生抗药性 7. 农药使用应符合《农药管理条例》和NY/T 1276—2007的规定
	物理防治:利用草原鼢鼠封洞堵洞的习性,利用钎探找到其有效洞道并挖开洞道,在洞口开口处安放地弓和地箭进行捕杀。也可将1号弓形夹布置在鼢鼠常洞中捕打	1. 利用钎探在新鼠丘附近找洞道,以确保找到鼢鼠的利用洞道,而非废弃洞道 2. 挖开洞道后,根据洞壁上方的小凹槽来判断鼢鼠运动方向,以安置弓箭 3. 挖开的洞口剖面要平整,安放弓箭的地面距洞顶的距离以弓箭能垂直射入洞底为宜 4. 安放后的箭头不能露在洞中,箭射之后,要恰好落在洞道正中位置 5. 宜在早晚安放弓箭 6. 鼠尸要及时集中消毒掩埋处理 7. 器械捕杀时应尽量减少人鼠接触,防止鼠传疾病的感染
7—8月	天敌防治:草原鼢鼠在夏季牧草生长盛期,有离巢到地表活动的现象。可以采取招鹰方式控鼠	1. 应注意相隔一定数量的普通招鹰架修建一个筑巢鹰架 2. 天敌控制区禁止使用任何化学药剂灭鼠或灭虫

(王志鹏)

14 高原鼢鼠
Eospalax baileyi

分布与危害 主要分布在甘肃南部、青海东部、四川阿坝与甘孜藏族自治州，即祁连山以南陇西高原、甘南高原、青海高原、川西高原等地，是我国青藏高原东南地带特有种之一。主要栖息于高寒草甸，喜好土壤质地松软，气候湿润的地区。该鼠主要以植物根系或将整株植物拖入洞道为食，直接降低草原生产力，推土造丘覆盖地表导致植物死亡，新推出的鼠丘土壤裸露造成水土流失，在草地挖掘大量洞道易导致家畜踩空受伤。

主要形态特征 鼹形鼠科凸颅鼢鼠属。体形粗圆，体长160～235毫米，体重173～490克，吻短，眼小，耳壳退化为环绕耳孔的皮褶，不突出于被毛外。尾短，其长超过后足长，并覆以密毛。高原鼢鼠躯体被毛柔软，并具光泽。鼻垫上缘及唇周为污白色。额部无白色斑。背腹毛色基本一致。成体毛色从头部至尾部呈灰棕色，自臀部至头部呈暗赫棕色，腹面较背部更暗灰色，毛基均为暗鼠灰色，毛尖赫棕色。幼体及半成体为蓝灰色或暗灰色。尾上面自尾到尾端暗灰色条纹逐渐变细变弱，尾下面的暗色条纹四周为白色、污白色或土黄白色。前肢上面毛色与体背同，后肢上面毛色呈污白色、暗棕黄色或浅灰色。四肢较短粗，前后足上面覆以短毛。前足掌的后部具毛，前部和指无毛，后足掌无毛。前足的2～4指爪发达，特别是中三指爪最长，后足趾爪显然小而短。

高原鼢鼠（王志鹏提供）

高原鼢鼠（王志鹏提供）

生物学特性 不冬眠，终年活动，储食能力强，第二年春季挖掘粮仓之前的储粮。营地下生活，极少到表地活动。雌雄非繁殖期独居生活，有明显的活动节律。以震动波交流信息。不同季节节律不同，夏秋季节活动出现两次高峰，一次在15：00—22：00，另一次在0：00—7：00。春季单峰，集中在12：00—22：00。高原鼢鼠活动时间受气温影响较大。春、秋季是推土造丘的高峰期，一只鼢鼠每年能将1000千克土壤推出地表。其具有植食性，几乎取食样地内所有植物，喜食含水量较高，营养丰富的鳞茎和块根或肉质根，主要以问荆全株、鹅绒委陵菜块根、矮嵩草须根和其他植物的块根、块茎、须根等为食。一年繁殖一次，杂婚式婚配，1只雌鼠巢区内有时会先后出现2只雄鼠，初春交配，平均胎仔数2～4只。拥有复杂的地下洞道系统，包括常洞、盲洞、朝天洞、便所、巢室、粮仓等组成部分。

高原鼢鼠防治历 （以甘肃省为例）

时间	防治方法	要点说明
3—5月，9—10月	药剂防治：利用钎探找到高原鼢鼠有效洞道，投放C型或D型肉毒素水剂配制成的毒饵、C型毒素饵粒、雷公藤甲素颗粒剂，每一洞道内投放10～15粒，投放完成后立即将洞口封闭	1.药物防治高原鼢鼠，寻找有效洞道是关键，注意用钎探在新鼠丘附近寻找 2.防治时间以高原鼢鼠春季繁殖期（3—5月）或秋季储粮期（9—10月）为宜 3. C型或D型肉毒素水剂须在－10℃冻结运输保存 4. C型或D型肉毒素配制饵料严禁用碱水或热水。刚配置好的毒饵要装袋，在2～5℃环境中闷置12小时或过夜后使用。气温过低导致冷冻结冰会影响药物渗透到饵料，温度过高会失效。未投放完的毒饵需储存在2～5℃环境中，2天后失效 5.投放毒饵后必须禁牧16天 6.不宜连续两年投放同一种药剂，以防产生抗药性 7.农药使用应符合《农药管理条例》和NY/T 1276—2007的规定
	物理防治：利用高原鼢鼠封洞堵洞的习性，利用钎探找到其有效洞道并挖开洞道，在洞口开口处安放地弓和地箭进行捕杀；也可将1号弓形夹布置在鼢鼠常洞中捕打	1.利用钎探在新鼠丘附近找洞道，以确保找到鼢鼠的利用洞道，而非废弃洞道 2.挖开洞道后，根据洞壁上方的小凹槽来判断鼢鼠运动方向，以安置弓箭 3.挖开的洞口剖面要平整，安放弓箭的地面距洞顶的距离以弓箭能垂直射入洞底为宜 4.安放后的箭头不能露在洞中，箭射下之后，要恰好落在洞道正中位置 5.宜在早晚安放弓箭 6.鼠尸要及时集中消毒掩埋处理 7.器械捕杀时应尽量减少人鼠接触，防止鼠传疾病的感染
7—8月	天敌防治：高原鼢鼠在夏季牧草生长盛期，有离巢到地表活动的现象。可以采取招鹰方式控鼠	1.应注意相隔一定数量的普通招鹰架修建一个筑巢鹰架 2.天敌控制区禁止使用任何化学药剂灭鼠或灭虫

（王志鹏）

15 甘肃鼢鼠

Eospalax cansus

分布与危害 主要分布于陕西北部、甘肃与宁夏南部及甘肃东部陇南山与六盘山、青海东部等地区，栖息于海拔1000～3900米的典型黄土高原、森林草原地带等地。春季挖食种子和越冬植物，如苜蓿的根，危害幼苗。秋季储粮期，将大量的粮食和作物搬入仓库，其中以马铃薯、豆科植物的损失最为突出。推土造丘，破坏草皮，造成水土流失、风蚀和水蚀，严重的还会形成黑土滩。洞道距离地表较近，家畜踩踏坍塌后易折断蹄腿。

主要形态特征 鼹形鼠科凸颅鼢鼠属。体型稍瘦细，体长180毫米左右，吻钝，眼小，耳壳退化，仅留外耳道，且被毛掩盖。尾较短，稍超出后足长，尾与后足近乎裸露，长有稀疏的短毛，外观可清晰见到皮肤。体背毛色为灰棕色，毛基深灰，毛尖锈红色，因此背部呈现鲜亮锈红色。亚成体体毛少数呈深灰色。腹毛深灰色，体侧与腹面无明显界限。鼻垫上部及唇周污白色。喉以下胸腹部至肛毛色暗灰，棕白或淡棕褐。少数个体头自鼻吻基部斜向眼前为白色块斑，此斑在眶前束缢，向后扩大与中央映灰、边缘毛尖白的椭圆形斑相结合，外形似较大的哑铃状。鼻骨后院呈小"八"形缺刻，额崎间宽小于顶崎间宽。前足有强大的爪，其第三指较第二指明显粗大，后足爪较前足爪细弱。

甘肃鼢鼠（李德家提供）

甘肃鼢鼠（李伟东提供）

生物学特性 不冬眠，终年活动，在9月—翌年1月，进行频繁的储粮活动，但不完全依靠仓库存储生活，仍需补充新鲜食物。昼夜活动，觅食以白天为主，夜间偶尔到地面上来。春秋两季推出的土丘最多，占全年75%以上。其中春季活动频繁是因为繁殖，秋季活动频繁是因为储粮，在数量较多的地区，1公顷可见土丘516～1144个。主要取食菊科、蔷薇科、十字花科等杂类草的轴根、根茎、块根、根蘖。有贮粮习性。大多数是就地取食。每年1胎，每胎

2～5只，2月下旬至7月上旬为繁殖期。一般4月份开始有幼鼠出现，5、6月份达到高峰，幼鼠出生后30～45天与母鼠分居，独立生活。9月份后亚成体比例下降，种群主要由成体构成。洞道较为复杂，有巢室、粮仓、便所。巢室较深，为洞道扩大部分，内有由枯草茎、叶做成的窝室。每个洞道系统中有粮仓1～3个不等。有堵塞开放洞道的习性，当洞穴被打开时，会很快推土封洞。

甘肃鼢鼠防治历 （以甘肃省为例）

时间	防治方法	要点说明
3—5月，9—10月	药剂防治：利用钎探找到甘肃鼢鼠有效洞道，投放C型或D型肉毒素水剂配制成的毒饵、C型毒饵粒、雷公藤甲素颗粒剂，每一洞道内投放10～15粒，投放完成后立即将洞口封闭	1. 药物防治甘肃鼢鼠，寻找有效洞道是关键，注意用钎探在新鼠丘附近寻找 2. 防治时间以甘肃鼢鼠春季繁殖期（3—5月）或秋季储粮期（9—10月）为宜 3. C型或D型肉毒素水剂须在-10℃冻结运输保存 4. C型或D型肉毒素配制饵料严禁用碱水或热水。刚配置好的毒饵要装袋，在2～5℃环境中闷置12小时或过夜后使用。气温过低导致冷冻结冰会影响药物渗透到饵料，温度过高会失效。未投放完的毒饵需储存在2～5℃环境中，2天后失效 5. 投放毒饵后必须禁牧16天 6. 不宜连续两年投放同一种药剂，以防产生抗药性 7. 农药使用应符合《农药管理条例》和NY/T 1276—2007的规定
	物理防治：利用甘肃鼢鼠封洞堵洞的习性，利用钎探找到其有效洞道并挖开洞道，在洞口开口处安放地弓和地箭进行捕杀；也可将1号弓形夹布置在鼢鼠常洞中捕打	1. 利用钎探在新鼠丘附近找洞道，以确保找到鼢鼠的利用洞道，而非废弃洞道 2. 挖开洞道后，根据洞壁上方的小凹槽来判断鼢鼠运动方向，以安置弓箭 3. 挖开的洞口剖面要平整，需要对安放弓箭的地面距洞顶的距离进行调整，以使箭针能垂直扎到洞底为宜 4. 安放后的箭头不能露在洞中，箭射下之后，要恰好落在洞道正中位置 5. 宜在早晚安放弓箭 6. 鼠尸要及时集中消毒掩埋处理 7. 器械捕杀时应尽量减少人鼠接触，防止鼠传疾病的感染 8. 具体方法参照标准DB 62/T 2628—2015
7—8月	天敌防治：甘肃鼢鼠在夏季牧草生长盛期，有离巢到地表活动的现象。可以采取招鹰方式控鼠	1. 应注意相隔一定数量的普通招鹰架修建一个筑巢鹰架 2. 天敌控制区禁止使用任何化学药剂灭鼠或灭虫

（吴江）

16 中华鼢鼠
Myospalax fontanieri

分布与危害 主要分布于内蒙古、河北、山西、陕西、甘肃、青海等省区,广泛分布于草原、山地和农业地区,多栖息在土壤疏松且湿润、食物条件较丰富的环境中,尤以山地的阴坡、阶地、沟谷以及种植土豆、莜麦和各种豆类的农田中较为常见。在农田和草场翻起土堆,对草场和农作物造成危害损失。

主要形态特征 鼹形鼠科凸颅鼢鼠属。体型较粗大。体长、体重均超过其他种鼢鼠。尾较东北鼢鼠长,其上的毛较多。鼻垫成椭圆形。前足比东北鼢鼠细小,前爪粗大,其第三指的爪长相当于第一节指骨的2.6倍。毛色较浅,体毛呈浅黄褐色至灰褐色。毛尖为铁锈红色,毛基灰褐色。从鼻垫上方至两眼间为苍白、白色或更浅的灰褐色短毛区。腹毛比背毛红色少而淡。背毛色与腹毛色无明显分界线。头骨扁而宽。人字嵴强大。鼻垫呈细长梯形或近似葫芦形。门齿孔被前颌骨包围约一半,上下臼齿为三叶形。

中华鼢鼠(姚贵敏提供)

生物学特性 不冬眠,全年每个时期都在活动,终生营地下生活,繁殖期雌雄同居,期外独居,两者洞道相互沟通。生活在草原的中华鼢鼠,喜食针茅、刺槐等植物,喜食植物肥大的块根、块茎、鳞茎等部位,其次喜食含汁液多的绿色部分和嫩绿的果实及种子。9—10月,农作物成熟期和野草枯黄期进行频繁的储粮活动。成体日食量约133.8克。地下洞道窝巢范围庞大,常常是边挖洞、边取食、边弃洞。繁殖期约在2—7月,年产1胎,每胎1～5只。怀孕率受地区、气候、食物诸条件制约,有所变化。采食洞道距地面6～10厘米,交通洞道距地面多在25～48厘米,巢室距地面140～240厘米,雌性窝洞较深。

中华鼢鼠防治历　　（以内蒙古自治区为例）

时间	防治方法	要点说明
3—5月，9—10月	药剂防治：利用钎探找到中华鼢鼠有效洞道，投放C型或D型肉毒素水剂配制成的毒饵、C型毒素饵粒、雷公藤甲素颗粒剂，每一洞道内投放10～15粒，投放完成后立即将洞口封闭	1.药物防治中华鼢鼠，寻找有效洞道是关键，注意用钎探在新鼠丘附近寻找 2.防治时间以中华鼢鼠春季繁殖期（3—5月）或秋季储粮期（9—10月）为宜 3.C型或D型肉毒素水剂须在-10℃冻结运输保存 4.C型或D型肉毒素配制饵料严禁用碱水或热水。刚配置好的毒饵要装袋，在2～5℃环境中闷置12小时或过夜后使用。气温过低导致冷冻结冰会影响药物渗透到饵料，温度过高会失效。未投放完的毒饵需储存在2～5℃环境中，2天后失效 5.投放毒饵后必须禁牧16天 6.不宜连续两年投放同一种药剂，以防产生抗药性 7.农药使用应符合《农药管理条例》和NY/T 1276—2007的规定
	物理防治：可布设鼢鼠箭或洞道箭防治中华鼢鼠。鼢鼠箭为焊接件，破开洞道后将箭布设在洞口上方，利用鼢鼠堵洞习性诱杀鼢鼠。洞道箭为地下箭，布设与鼢鼠洞内，正面射杀鼢鼠，射杀距离远，捕杀率高	1.布设鼢鼠箭和洞道箭，均需在鼠丘附近1～2米处破开1个洞口 2.鼢鼠箭布设在洞口上方，洞道箭布设在洞道内 3.布设鼢鼠箭时，应调节好鼢鼠箭高低，以箭扎到洞低为宜 4.布设洞道箭应在洞口内30厘米处放置一湿软土球，土丘直径应小于洞道直径1～2厘米，挂筒后将洞道箭的前端放入洞口内，使挡土板刚好与土球刚好接触，洞道箭后端用草皮土块顶住即可 5.鼢鼠箭和洞道箭布设完毕后应每隔两小时检查一次 6.布设洞道箭的区域应做上标记，便于找到安放位置 7.器械捕杀时应尽量减少人鼠接触，防止鼠传疾病的感染
7—8月	天敌防治：中华鼢鼠在夏季牧草生长盛期，有离巢到地表活动的现象。可以采取招鹰方式控鼠	1.应注意相隔一定数量的普通招鹰架修建一个筑巢架 2.天敌控制区禁止使用任何化学药剂灭鼠或灭虫

（姚贵敏）

17 高原鼠兔
Ochotona curzoniae

分布与危害　主要分布于西藏、青海、甘肃、四川等地，青藏高原特有种。主要栖居于海拔3100～5100米的高寒草甸、高寒草原，喜欢选择土壤较为疏松的坡地、河谷阶地、低山丘陵、半阴半阳坡等植被低矮的开阔环境，避开灌丛及植被郁闭度高的环境。啃食牧草将会破坏植被，改变群落结构，影响草地质量；而掘洞行为会破坏土壤环境，改变微地形，导致土壤养分损失，生态系统物质循环失调，逐步形成"黑土滩"和鼠荒地，也是鼠疫、包囊虫病等的传播源。

主要形态特征　鼠兔科鼠兔属。体形中等，体重可达200克，体长120～190毫米。耳小而圆，耳长20～33毫米。夏季体毛色深，短而贴身，呈暗沙黄褐色或棕黄色，上下唇及鼻部黑褐色，耳背面黑棕色，耳壳边缘淡色。从头脸部经颈、背至尾基部沙黄或黄褐色，向两侧至腹面颜色变浅。腹面污白色，毛尖染淡黄色。门齿孔与腭孔融合为一孔，犁骨悬露。额骨上无卵圆形小孔，整个颅形与达乌尔鼠兔相近，但是眶间部较窄而且明显向上拱突，从头侧面观呈弧形，脑颅部前1/3较隆起而其后部平坦。颧弓粗壮，人字嵴发达，听泡大而鼓凸。上、下颌每侧各具6颗颊齿。后肢略长于前肢，后足长25～33毫米，前后足的趾垫常隐于毛内，爪较发达，无明显的外尾，雌鼠乳头3对。

高原鼠兔（施大钊提供）

生物学特性　不冬眠，冬季亦在户外觅食活动，营家族式生活，穴居。高原鼠兔昼间生活，出洞时间常依太阳照射洞口而定，喜欢晒太阳。地面活动有两个高峰，第一个高峰期在9:00，第二个高峰在18:00。高原鼠兔具有啃食、掘洞、刈割、贮藏习性，主要以植物的茎叶、地

高原鼠兔（孙飞达，王钰提供）

下根茎或种子为食，喜食早熟禾、针茅、披碱草、珠芽蓼、紫菀、委陵菜等，也包括棘豆属、橐吾属、狼毒属等有毒植物。平均每日采食鲜草77.3克，约占其体重的1/2。高原鼠兔繁殖力较强，繁殖期4月开始，8月结束，5—7月为繁殖高峰期，每年2胎，每胎3～6只。高原鼠兔挖掘的洞口较密集，形成洞群，洞口间常有光秃的跑道相连，地下也有洞道相通。据复杂程度将洞穴划分为两种：一种为简单洞系，即临时洞和避难洞，洞道浅而短；另一种为复杂洞系，占地面积大，洞道长，分支多，有的相互连接成网状；洞系内有一主巢室，往往处于整个洞系的最深处，巢内铺垫柔软的枯草、牛毛、羊毛等，是越冬、育幼的场所。其巢区相对稳定，每个巢区的家族成员平均为3～4只。通常多个家族形成一个群聚，有明显的护域行为。

高原鼠兔防治历 （以四川省为例）

时间	防治方法	要点说明
10月—翌年3月	药剂防治：投放C型或D型肉毒素水剂配制成的毒饵、C型毒素饵粒、雷公藤甲素颗粒剂。严重危害时可使用溴敌隆饵剂进行应急防治。饵料可选用燕麦、小麦、青稞、胡萝卜等。以100万毒价/毫升C型毒素为例，配制0.1%毒饵，比例为1毫升毒素：80毫升水：1000g饵料。毒饵投放量根据药物说明书、当地鼠害危害程度、投放方式确定	1. C型或D型肉毒素水剂须在-10℃冻结运输保存 2. C型或D型肉毒素配制饵料严禁用碱水或热水。刚配置好的毒饵要装袋，在2～5℃环境中闷置12小时或过夜后使用。气温过低导致冷冻结冰会影响药物渗透到饵料，温度过高会失效。未投放完的毒饵需储存在2～5℃环境中，2天后失效 3. 投放毒饵后必须禁牧16天 4. 不宜连续两年投放同一种药剂，以防产生抗药性 5. 农药使用应符合《农药管理条例》和NY/T 1276—2007的规定
4—9月	物理防治：安放捕鼠器械，如弓形夹、板夹、活套索等。活套放在洞口内约6厘米处。弓形夹采用0～1号大小为宜	1. 将活套做成比洞口稍小的圆环，使老鼠出洞时头可钻入活套，但身体无法钻出。放置时，将活套环的下半部分紧贴洞壁，上部距离洞顶5毫米左右 2. 器械捕杀时应尽量减少人鼠接触，防止鼠传疾病的感染
	天敌防治：建设鹰墩、鹰架、鹰巢，招鹰控鼠；依法驯化繁育并投放当地野生狐狸控制鼠害	1. 鹰架安置区要地势平坦、开阔，离永久性建筑物或电杆400米以上。每个鹰架控制20～33公顷草原鼠害，鹰架之间距离500米以上 2. 注意保护其他天敌，减少人类活动对天敌的影响 3. 天敌防控区域避免使用任何化学农药
全年	生态防治：可适当采取禁牧、休牧、封育、草地补播等方法，以利植被恢复，降低鼠类栖息生境的适合度，长期有效抑制害鼠种群增长	草地补播参照NY/T 1342—2007执行

（孙飞达，周俗，王钰）

18 达乌尔鼠兔
Ochotona dauurica

分布与危害 主要分布于内蒙古、黑龙江、河北、山西、陕西、青海、宁夏等地,栖息于高原丘陵、典型草原和山地草原;在河西走廊地区栖息于以蒿草群落为主的草地,栖息地常有由萎陵菜、锦鸡儿等组成的矮小灌丛;在祁连山东段多栖息于以莎草科为主要建群种的植被阳坡草甸草原。该鼠兔数量多,密度高,对草原破坏十分严重,采食草地地区植物的茎、叶、根,也食农作物种子,造成农牧业减产;洞道距地面较浅,牲畜易踏陷折断小腿,洞外活动形成跑道,降低草地植被盖度,导致水土流失,破坏生态环境。同时该鼠兔还是疫源动物,有传播流行性疾病的风险。

主要形态特征 鼠兔科鼠兔属。体小,体长不及200毫米。耳大而圆,具有清晰白边,长度不超过27毫米。外形上无尾,或在尾生处有一隐蔽在毛被中的尾突。上唇纵裂如兔。后肢稍长于前肢,具4趾,趾行性;前肢较短,具5趾。乳头4对。头顶至体背沙黄褐色,吻侧有向外辐射的黄褐或黑色触须;眼周具狭窄黑边;耳壳边缘有由白色短毛饰成的白边,耳壳内黄褐,耳壳外毛色黑褐,耳后有一淡黄色区域;腹毛基部灰色,尖端污白;下颌至胸部中央具一沙黄色斑;肢体

达乌尔鼠兔(《林业有害生物防治历》提供)

外侧毛色同背色,肢体内侧毛色较淡;趾背沙黄色,腹面着生浅褐色短毛;冬毛较夏毛长。头骨全长不及45毫米;鼻骨前端稍膨大,后部狭窄变细,末端呈弧形;额骨隆起;顶骨前部隆起而后部扁平;人字嵴、矢状嵴明显;颧骨较粗壮,向后延伸成长的突起;两颌骨腹面仅前端相接;门齿孔与腭孔融合为一;犁骨完全外露。听泡大。

生物学特性 不冬眠,终年活动。昼行性,活动时间与日照时间关系较大,从上午7:00—20:00均可见到,活动高峰在上午8:00—9:00,夜间亦曾见其外出活动。冬季地面覆雪,遇风和日丽的午间,常到洞口附近晒太阳,或在雪地上跑动,活动范围一般在10米以内。植食性,采食植物根、茎、叶,夏季以禾本科、莎草科、冷蒿、锦鸡儿为主,秋季主

要取食果实。日食量59.85克。有储粮习性，每年9月或稍早，即开始拉草贮藏，先将洞群周围的青草咬成10～15厘米长的草节，集中到洞口处附近，堆成底面约10～30平方厘米，高15～18厘米的草堆。在洞口，草堆常常不止一个，有时达3～4个。当草晒成半干后，将其拖入洞穴中的贮藏室内，堆积贮存，供冬季食用。早春食物缺乏时，亦取食树皮、草根等。繁殖期4—8月，6月份达到繁殖高峰，每年2～3胎，每胎5～12只，繁殖能力极强。幼鼠7日后即可外出活动，雌鼠21日后即可性成熟，营群栖穴居生活，洞穴多筑于生长有锦鸡儿、芨芨草地埂上、山坡农田、草原、塬地边缘。洞穴有夏洞冬洞之分。夏洞较简单，仅有一个出入口，洞内无贮藏室；冬洞较复杂，出口多达7～9个，最少2个，洞径5～9厘米，各洞口之间有纵横交错的跑道。

达乌尔鼠兔防治历 （以甘肃省为例）

时间	防治方法	要点说明
10月—翌年3月	药剂防治：投放C型或D型肉毒素水剂配制成的毒饵、C型毒素饵粒、雷公藤甲素颗粒剂。严重危害时可使用溴敌隆饵剂进行应急防治。饵料可选用燕麦、小麦、青稞、胡萝卜等。以100万毒价/毫升C型毒素为例，配制0.1%毒饵，比例为1毫升毒素：80毫升水：1000g饵料。毒饵投放量根据药物说明书、当地鼠害危害程度、投放方式确定	1. C型或D型肉毒素水剂须在-10℃冻结运输保存 2. C型或D型肉毒素配制饵料严禁用碱水或热水。刚配置好的毒饵要装袋，在2～5℃环境中闷置12小时或过夜后使用。气温过低导致冷冻结冰会影响药物渗透到饵料，温度过高会失效。未投放完的毒饵需储存在2～5℃环境中，2天后失效 3. 投放毒饵后必须禁牧16天 4. 不宜连续两年投放同一种药剂，以防产生抗药性 5. 农药使用应符合《农药管理条例》和NY/T 1276—2007的规定
4—9月	物理防治：安放捕鼠器械，如弓形夹、板夹、活套索等。活套放在洞口内约6厘米处。弓形夹采用0～1号大小为宜	1. 将活套做成比洞口稍小的圆环，使老鼠出洞时头可钻入活套，但身体无法钻出。放置时，将活套环的下半部分紧贴洞壁，上部距离洞顶5毫米左右 2. 器械捕杀时应尽量减少人鼠接触，防止鼠传疾病的感染。
4—9月	天敌防治：建设鹰墩、鹰架、鹰巢、招鹰控鼠；依法驯化繁育并投放当地野生狐狸控制鼠害	1. 鹰架安置区要地势平坦、开阔、离永久性建筑物或电杆400米以上。每个鹰架控制20～33公顷草原鼠害，鹰架之间距离500米以上 2. 注意保护其他天敌，减少人类活动对天敌的影响 3. 天敌防控区域避免使用任何化学农药
全年	生态防治：可适当采取禁牧、休牧、封育、草地补播等方法，以利植被恢复，降低鼠类栖息生境的适合度，长期有效抑制害鼠种群增长	草地补播参照NY/T 1342—2007执行

（吴江）

19 褐斑鼠兔
Ochotona pallasii

分布与危害 主要分布在新疆和内蒙古。在新疆仅分布于准噶尔盆地北部北塔山及北塔山以东的大小哈甫提克山等中蒙界山的山地。多栖息于高山、丘陵和坡度较缓的河谷两侧，常见于土质松软地带，生境内主要植物一般为针茅、狐茅、羽茅、冷蒿、异燕麦、假木贼及小灌木。褐斑鼠兔采食牧草，降低草场载畜量，使洞群周围植被群落退化，挖洞挖出的深层沙石覆盖地面，加剧了水土流失沙化面积扩大，最终造成草场退化沙化，生境破坏严重。

主要形态特征 鼠兔科鼠兔属。中等体型鼠兔，体重可达300克，体长140～200毫米。耳长19～23毫米，呈圆形。四肢短小。无尾。在两耳下、两颈侧方各有一块浅棕色斑点，故名褐斑鼠兔。头部和背部毛色夏季为沙黄色，冬季为浅灰黄色。体侧及四肢外侧毛色较背部毛色浅和淡。

褐斑鼠兔（李璇提供）

生物学特性 不冬眠，群居性鼠类，多栖息于高山、丘陵和较为缓冲的河谷两侧，在土质松软地带挖洞穴栖居，或在乱石缝中栖居，利用碎石的间隙筑窝巢。栖息地的主要植被有针茅、狐茅、羽茅、苔草、冷蒿、异燕麦、假木贼及小灌木（锦鸡儿等），在阴坡有少量的片状西伯利亚落叶松。主要在白天活动，以清晨和傍晚最为活跃，中午活动较少，活动范围3～5米。有贮存牧草越冬的习性。在植物繁盛的季节，褐斑鼠兔逐渐在其洞群范围内的洞口或经常活动觅食的地方堆积（贮存）优势牧草的青草。到9月初，它

褐斑鼠兔（李璇提供）

们把晒干的牧草有的衔、拖到洞道内，有的利用石缝的间隙将晒干的牧草塞入其中，有的利用鸡蛋大小的石块堆压在干草堆上防止被风吹走。这种现象在其他鼠兔中是罕见的，估计与

当地常刮大风有关。从3月份开始发情交配。一年繁殖3次，每次产仔5～11只。雌鼠妊娠期约25天。鼠洞呈集群分布，每个洞群一般有3～20个洞口，多的可达50个以上，在地面洞口之间有"跑道"相连接，在主要活动的洞口处更为明显。洞口多开于草丛或灌丛底部，或裸露于地面。

褐斑鼠兔防治历 （以新疆维吾尔自治区为例）

时间	防治方法	要点说明
3—4月	药剂防治：投放C型或D型肉毒素水剂配制成的毒饵、C型毒饵粒、雷公藤甲素颗粒剂。严重危害时可使用溴敌隆饵剂进行应急防治。饵料可选用燕麦、小麦、青稞、胡萝卜等。以100万毒价/毫升C型毒素为例，配制0.1%毒饵，比例为1毫升毒素：80毫升水：1000g饵料。毒饵投放量根据药物说明书、当地鼠害危害程度、投放方式确定	1. C型或D型肉毒素水剂须在-10℃冻结运输保存 2. C型或D型肉毒素配制饵料严禁用碱水或热水。刚配置好的毒饵要装袋，在2～5℃环境中阴置12小时或过夜后使用。气温过低导致冷冻结冰会影响药物渗透到饵料，温度过高会失效。未投放完的毒饵需储存在2～5℃环境中，2天后失效 3. 投放毒饵后必须禁牧16天 4. 不宜连续两年投放同一种药剂，以防产生抗药性 5. 农药使用应符合《农药管理条例》和NY/T 1276—2007的规定
4—9月	物理防治：安放捕鼠器械，如弓形夹、板夹、活套索等。活套放在洞口内约6厘米处。弓形夹采用0～1号大小为宜	1. 将活套做成比洞口稍小的圆环，使老鼠出洞时头可钻入活套，但身体无法钻出。放置时，将活套环的下半部分紧贴洞壁，上部距洞顶5毫米左右 2. 器械捕杀时应尽量减少人鼠接触，防止鼠传疾病的感染
4—9月	天敌防治：建设鹰墩、鹰架、鹰巢，招鹰控鼠；依法驯化繁育并投放当地野生狐狸控制鼠害	1. 鹰架安置区要地势平坦、开阔、离永久性建筑物或电杆400米以上。每个鹰架控制20～33公顷草原鼠害，鹰架之间距离500米以上 2. 注意保护其他天敌，减少人类活动对天敌的影响 3. 天敌防控区域避免使用任何化学农药
全年	生态防治：轻度危害草地采取休牧、轮牧控制草地载畜量；危害严重草地采取禁牧封育、浅耕补播等方法，有水源条件地区也可考虑灌溉、施肥、建立人工草地等配套综合措施，以利植被恢复，降低鼠类栖息生境的适合度，长期有效抑制害鼠种群增长	草地补播参照NY/T 1342—2007执行

（吴建国，李璇，阿帕尔）

20 藏鼠兔
Ochotona thibetana

分布与危害 主要分布于西藏、青海、甘肃、四川云南等地。栖息于海拔3000～4000米的高山草甸、灌丛、芨芨草滩、山坡草丛中,尤其以沙柳、金露梅等不占优势的灌丛中最多。藏鼠兔取食植物茎、叶,导致草地减产,挖掘洞道并在草地上形成跑道,使草地形成次生裸地,草地斑块化。严重危害时引起草地大面积退化,形成黑土滩。

主要形态特征 鼠兔科鼠兔属。体型小而细长。体长一般不超过155毫米。耳较大,椭圆形,高度不超过27毫米。体毛毛色较灰暗,夏毛背部棕黑色,毛基黑色,中上部浅棕,毛尖黑褐色。体侧较背色为淡。耳外侧黑褐,内侧棕黑色,边缘有窄白边,耳前方有一撮淡色毛丛,耳后近颈部有一淡色斑块。触须棕色或棕黄色,较短。头部及吻端颜色较背部暗深。头侧、颈部淡棕黄色,整个腹毛基色灰黑。颏部毛尖白色。腹部中央淡棕黄色,两侧污白色。四肢外侧毛色同

藏鼠兔(花立民提供)

背,内侧毛色与腹部相同。足背淡棕黄色,趾部有黑褐色密毛。冬毛背部比夏毛稍浅淡,毛基部灰黑、毛尖黄褐色,故整个背部毛色呈黄褐色,体侧淡黄褐色。腹毛色同夏毛,耳后淡色毛斑不及夏毛明显。头骨较平直狭长,颅全长小于40毫米,脑颅低平,棱角不大明显,背部平直。额骨略突出,中间骨缝处稍凹入。顶骨前部略上凸,后部低平,人字嵴和矢状嵴很低,人字嵴向两侧延伸与颞嵴相接;颧弓呈平行状,前宽后略窄,末端有一细长突起。门齿孔与腭孔合并成一个大孔。犁骨不被前额骨边缘遮挡。腭长一般不超过14.5毫米,上唇有纵裂。听泡中等,不十分隆起。齿隙长与齿列长相等。四肢短小,后肢略比前肢长。无尾,尾椎隐藏于毛被之下。

生物学特性 不冬眠,雨天、雪被下都能觅食。昼夜都有活动,行动敏捷,常相互追逐嬉戏,遇敌很快入洞。杂食性但以植物为主,经常取食莎草科、禾本科等植物的茎、叶,亦食山柳、浪麻等小灌丛的嫩叶及其他植物嫩根。胃内偶见甲虫残骸。一年繁殖数次,繁殖

期为5—6月，8—9月常有怀孕雌鼠，每胎5～6仔。营穴居生活，筑洞穴于干草根、灌丛及土块之下，也有利用旱獭废弃洞道侧壁挖洞营巢。洞道一般距地面10厘米，根据洞穴结构，可以分为两种类型：一种结构复杂，全长3米以上，具多个分支，洞道出口多，洞内有贮室和1个巢室，名称为居住院洞；另一种构造简陋，洞道全长仅40～50厘米，有1～2个分支，分支末端各有1个与地面相通的出口，此种洞穴，用于临时休息或躲避敌害，称临时洞。洞群各出口之间，有跑道相互贯连。洞口近旁常堆积有粪便，粪便呈圆球状，新鲜粪便颜色黄绿，陈旧粪便灰黄色。

藏鼠兔防治历（以甘肃省为例）

时间	防治方法	要点说明
3—4月	药剂防治：投放C型或D型肉毒素水剂配制成的毒饵、C型毒素饵粒、雷公藤甲素颗粒剂。严重危害时可使用溴敌隆饵剂进行应急防治。饵料可选用燕麦、小麦、青稞、胡萝卜等。以100万毒价/毫升C型毒素为例，配制0.1%毒饵，比例为1毫升毒素：80毫升水：1000g饵料。毒饵投放量根据药物说明书、当地鼠害危害程度、投放方式确定	1. C型或D型肉毒素水剂须在−10℃冻结运输保存 2. C型或D型肉毒素配制饵料严禁用碱水或热水。刚配置好的毒饵要装袋，在2～5℃环境中闷置12小时或过夜后使用。气温过低导致冷冻结冰会影响药物渗透到饵料，温度过高会失效。未投放完的毒饵需储存在2～5℃环境中，2天后失效 3. 投放毒饵后必须禁牧16天 4. 不宜连续两年投放同一种药剂，以防产生抗药性 5. 农药使用应符合《农药管理条例》和NY/T 1276—2007的规定
4—9月	物理防治：安放捕鼠器械，如弓形夹、板夹、活套索等。活套放在洞口内约6厘米处。弓形夹采用0～1号大小为宜	1. 将活套做成比洞口稍小的圆环，使老鼠出洞时头可钻入活套，但身体无法钻出。放置时，将活套环的下半部分紧贴洞壁，上部距离洞顶5毫米左右 2. 器械捕杀时应尽量减少人鼠接触，防止鼠传疾病的感染
4—9月	天敌防治：建设鹰墩、鹰架、鹰巢，招鹰控鼠；依法驯化繁育并投放当地野生狐狸控制鼠害	1. 鹰架安置区要地势平坦、开阔、离永久性建筑物或电杆400米以上。每个鹰架控制20～33公顷草原鼠害，鹰架之间距离500米以上 2. 注意保护其他天敌，减少人类活动对天敌的影响 3. 天敌防控区域避免使用任何化学农药
全年	生态防治：可适当采取禁牧、休牧、封育、草地补播等方法，以利植被恢复，降低鼠类栖息生境的适合度，长期有效抑制害鼠种群增长	草地补播参照NY/T 1342—2007执行

（王瑾）

21 达乌尔黄鼠
Spermophilus dauricus

分布与危害 主要分布于黑龙江、吉林、辽宁、河北、内蒙古、山西、陕西、宁夏、青海、甘肃等地。通常栖息于以禾本科、菊科、豆科植物为主的典型草原，栖息地一般较干旱，土壤为沙质土。春季它喜挖食播下的种子的胚和嫩根；致使牧草不能发芽，夏季嗜食鲜、甜、嫩、含水较多的作物茎秆，使牧草不能正常生长，逢干旱更加严重，秋季采食灌浆乳熟阶段的种子。其挖掘活动造成水土流失，对草地破坏性极大。此外，达乌尔黄鼠是鼠疫菌的天然宿主，传播多种人鼠共患病。

主要形态特征 松鼠科黄鼠属，为中型地栖鼠类。成体体长180～210毫米，体型肥胖，头大，眼大而圆。耳壳退化，色黄灰，短小脊状。额部较宽。尾短，约为体长的1/3，尾端毛蓬松。脊毛呈深黄色，并带褐黑色。背毛根灰黑、尖端黑褐色。颈、腹部为浅白色。后肢外侧如背毛。尾与背毛相同，尾端有不发达的毛束，末端毛有黑白色的环。四肢、足背面为沙黄色。头部毛比背毛深，两颊和颈侧腹毛之间有明显的界线。颔部为白色，眼周围有一白环。夏毛色较冬毛色深，而短于冬毛。色泽随地区、年龄、季节而有变异。幼鼠色暗无光泽，偶见白色达乌尔黄鼠。前足掌裸，指垫3枚，掌垫2枚。后足掌被毛，掌垫不明显。前足爪较后足爪发达，爪黑而爪尖黑黄。雌体乳头一般5对。

达乌尔黄鼠（刘晓辉提供）

生物学特性 具冬眠习性，10月下旬入蛰，但11月也偶见地面活动，一般3月上中旬出蛰，冬眠时间约为4～5个月，雄性比雌性先出蛰月1天。昼行性，早春和晚秋主要集中在10：00—16：00，夏季多集中在8：00—11：00和15：00—18：00。每天出洞活动次数多，多者超过10次，在洞外可达几个小时。除在繁殖期间无明显的个体活动小区外，其余时期有明显的活动小区，一般范围在洞口周围30米以内，如其他个体一旦侵入，即会引起激烈的斗殴。视觉、听觉、嗅觉灵敏，高警惕性，受到干扰具有堵洞习性。个体之间联系密切，具有相互警戒的习性，但因争偶会相互撕咬。该鼠主要以植物幼嫩部分和种子为食，喜食蒙古葱、猪毛菜、阿尔泰狗娃花、冷蒿、乳白花黄芪，不取食禾本科植物如针茅、冰草等。成年达乌尔黄鼠平均日食鲜草160.8克，幼年达乌尔黄鼠平均日食草量115.77克。4月上中旬即进行交配，然后妊娠、哺乳，妊娠期约为28天，每年繁殖1胎，每胎5～6个，繁殖高峰期为7月上旬，分娩后28天幼鼠开始独立取食。6月中下旬幼鼠开始分居，经过肥育，储存脂肪进行冬眠。繁殖期外独居。雄鼠巢球型，雌鼠巢盆状。洞道分为栖息洞和临时洞。栖息洞可分为夏用洞和冬眠洞，二者可相互改建。黄鼠个体至少有1个栖息洞和10余个临时洞。临时洞仅为一套斜下洞道，偶尔出现1～2个分支，长1米。栖息洞洞口直接约6厘米，多个分支，洞长3～5米，深1.5～2米；具有窝巢，窝巢内有干草做垫物，冬眠洞窝巢比夏用洞更深。一般不迁徙，但在人类和天敌干扰或栖居地被破坏时，可迁移新居。

达乌尔黄鼠防治历 （以甘肃省为例）

时间	防治方法	要点说明
3—4月	药剂防治：投放C型或D型肉毒素水剂配制成的毒饵、C型毒素饵粒、雷公藤甲素颗粒剂。严重危害时可使用溴敌隆饵剂进行应急防治。饵料可选用燕麦、小麦、青稞、胡萝卜等。以100万毒价/毫升C型毒素为例，配制0.1%毒饵，比例为1毫升毒素∶80毫升水∶1000g饵料。毒饵投放量根据药物说明书、当地鼠害危害程度、投放方式确定	1. C型或D型肉毒素水剂须在-10℃冻结运输保存 2. C型或D型肉毒素配制饵料严禁用碱水或热水。刚配置好的毒饵要装袋，在2～5℃环境中闷置12小时或过夜后使用。气温过低导致冷冻结冰会影响药物渗透到饵料，温度过高会失效。未投放完的毒饵需储存在2～5℃环境中，2天后失效 3. 投放毒饵后必须禁牧16天 4. 不宜连续两年投放同一种药剂，以防产生抗药性 5. 农药使用应符合《农药管理条例》和NY/T 1276—2007的规定
4—9月	物理防治：安放捕鼠器械，如弓形夹、板夹、活套索等。活套放在洞口内约6厘米处。弓形夹采用0～1号大小为宜	1. 将活套做成比洞口稍小的圆环，使老鼠出洞时头可钻入活套，但身体无法钻出。放置时，将活套环的下半部分紧贴洞壁，上部距离洞顶5毫米左右 2. 器械捕杀时应尽量减少人鼠接触，防止鼠传疾病的感染
	天敌防治：建设鹰墩、鹰架、鹰巢，招鹰控鼠；依法驯化繁育并投放当地野生狐狸控制鼠害	1. 鹰架安置区要地势平坦、开阔、离永久性建筑物或电杆400米以上。每个鹰架控制20～33公顷草原鼠害，鹰架之间距离500米以上 2. 注意保护其他天敌，减少人类活动对天敌的影响 3. 天敌防控区域避免使用任何化学农药

（臧奇聪）

22 长尾黄鼠
Spermophilus undulatus

分布与危害　主要分布于内蒙古、新疆,栖息于山地草原、森林草原和亚高山草甸,对栖息地湿度要求较高。主要取食莎草科和禾本科植物的绿色部分,减少草原植被生物量;其挖掘洞道,活动形成跑道,降低草原植被盖度,且长尾黄鼠是新疆地区鼠疫杆菌宿主,具备鼠疫传播风险。

主要形态特征　松鼠科黄鼠属。体型大,是黄鼠属中体型最大的物种,体长250～300毫米,尾长约为体长的1/2,连末端毛则超过体长的1/2。耳壳短而不显。夏季毛色较深,背毛灰褐色,毛基多黑色或暗褐色,部分背毛毛尖白色,背部隐约可见小白斑。体侧毛稍长于背毛,毛色草黄色、锈棕色、灰褐色或浅灰色。头顶与额部灰褐色,颊部棕黄色或略带棕色。腹毛多棕色或锈棕色,毛色浅于四肢毛发。尾背面接近后基部

长尾黄鼠(吴建国提供)

的一段毛色与背毛相近,呈灰褐色,略带棕色色调,具白色毛尖,其余部分毛色与背毛显著不同,多覆以三色长毛,呈锈棕色,具黑色近端与白色毛尖。尾腹面毛棕黄色,近端黑色与毛尖白色。幼体夏毛毛色浅于比成体,背部斑点不明显。前足掌裸,有掌垫2个、趾垫8个,后足较长,可达48毫米,足底被毛,无掌垫,趾垫4个,爪色黑褐而长。

生物学特性　具冬眠习性。9月—翌年1月入蛰,3—4月出蛰,雌鼠入蛰时间稍早于雄鼠,幼鼠最后入蛰,但最先出蛰。昼行性,长尾黄鼠活动时间受气温影响,寒冷时多在8:00—14:00出来活动,高温时活动时间提前,但中午炎热时进洞休息,温度降低后外出活动至傍晚。大风及降雨天气活动时间减少。警觉性强,出洞活动时,常以后足着地,身体直立观察四周,有时亦伏于地面或石头上晒太阳。遇敌害后发出特有叫声,警告同类,并迅速逃回洞中或隐避于草丛中。长尾黄鼠主要取食莎草科和禾本科植物的绿色部分,但也捕食鞘翅目昆虫,自然条件下拒食一切人工投放的饵料。一年繁殖1胎,出蛰后即进入发情期,妊娠期30天,5—6月生产,一胎7～8只,最多11只。哺乳期25天,幼鼠第二年性成熟。洞穴分为居住洞和临时洞。居住洞洞道弯曲,内有主洞道和支洞道,在窝巢附近设盲洞

贮存粪便，有时利用旱獭的废弃洞。多数只有1个洞口，个别的有2个，洞口直径8～13厘米，洞口常堆有碎土。洞道长短及洞岔多少与地形、土质等条件有关。窝巢多为1个，但偶尔亦有2个或2个以上的，椭圆形，铺以松软的干草。夏季居住洞较浅，冬眠洞较深，均在冻土层以下。临时洞的洞道比较简单，无窝巢，仅供逃避敌害时使用。

长尾黄鼠防治历 （以内蒙古自治区为例）

时间	防治方法	要点说明
3—4月，9—10月	物理防治：捕鼠夹、捕鼠笼、吊弓、索套、粘鼠板等	1.捕鼠夹应选用大型夹 2.捕鼠夹应固定在地表，防止长尾黄鼠拖走 3.鼠尸尽快处理，处理鼠尸人员应做好个人防护
6—8月	天敌防治：建设鹰墩、鹰架、鹰巢，招鹰控鼠	注意保护其他天敌，减少人类活动对天敌的影响
	生态防治：可适当采取禁牧、休牧、封育、草地补播等方法，以利植被恢复，降低鼠类栖息生境的适合度，长期有效抑制害鼠种群增长	草地补播参照NY/T 1342—2007执行

（王志鹏）

23 赤颊黄鼠
Spermophilus erythrogenys

分布与危害 主要分布于新疆和内蒙古，栖息于山地草地、荒漠、半荒漠草地。其主要以鳞茎植物和戈壁针茅为食，直接影响植物的生长发育，降低了草地的牧草产量；挖掘洞道造成水土流失；同时还可携带人鼠共患病的病原体，是疫源动物之一。

主要形态特征 松鼠科黄鼠属。体型中等，体长一般为180～230毫米，略小于长尾黄鼠。尾相较于黄鼠属其他鼠种较短，为体长的13%～24.1%，平均为17.3%。体躯背面从头顶至尾基一色沙黄，或一色灰黄，杂以灰黑色调。有些前额区被毛呈棕黄色。体背有黄白色波纹，或无波纹。鼻端、眼上缘、耳前上方和两颊具棕黄或铁锈色斑。体侧、颈侧、前后肢内侧、足背及腹面均为浅黄或草黄色。尾毛上下一色沙黄或淡棕黄，或背面具三色毛：毛基棕黄，次端毛黑色，毛尖黄白，呈现出不明显的黑色次端环；尾腹面双色：毛基棕黄，毛尖黄白，无黑色次端毛，只呈现黄白色环。后足掌裸露，仅近掌部被以短毛。

赤颊黄鼠（阿帕尔提供）

赤颊黄鼠（阿帕尔提供）

生物学特性 具冬眠习性，9月份入蛰，翌年3月份出蛰。出蛰顺序为先雄后雌，时间相差约9天。昼行性，听觉、嗅觉和视觉灵敏，警惕性高，出洞前观察四周，发现危险后通知同类并立即入洞。无风、晴天和气温高时，活动频繁，在地面活动的时间有时可达220分钟；阴雨天气时减少活动。高气温时活动时间为8：00—18：00，单峰型活动，活动高峰期为12：00—14：00，随气温下降活动时间推迟，活动高峰期也推迟，活动范围一般在洞口3米范围内。赤颊黄鼠喜食植物茎、叶、花、果实，也采食植物块根，少量捕食鞘翅目昆虫。赤颊黄鼠每年仅繁殖一次，性比几乎为1∶1，繁殖期为3月底至5月份，每胎4～6只，妊娠期为28～30天，6月初可见幼鼠出巢活动，雌鼠和幼鼠分居的时间集中在6月下旬。赤颊黄鼠的洞穴多散布在丘岗的阳坡坡脚、沟谷和小溪两岸。洞口直径约5厘米。居住洞之洞道总长3～5米，分支不多，有窝巢，洞口多为1个。临时洞短浅，无巢，亦无分支。幼鼠分居时，常将临时洞改建为居住洞。冬眠洞较深，冬眠巢多在2米以下，入蛰时将冬眠洞的一段洞道封堵，以利安全越冬。

赤颊黄鼠防治历 （以新疆维吾尔自治区为例）

时间	防治方法	要点说明
3—5月	药剂防治：投放C型或D型肉毒素水剂配制成的毒饵、C型毒素饵粒、雷公藤甲素颗粒剂。严重危害时可使用溴敌隆饵剂进行应急防治。饵料可选用燕麦、小麦、青稞、胡萝卜等，以100万毒价/毫升C型毒素为例，配制0.1%毒饵，比例为1毫升毒素∶80毫升水∶1000g饵料。毒饵投放量根据药物说明书、当地鼠害危害程度、投放方式确定	1. C型或D型肉毒素水剂须在-10℃冻结运输保存 2. C型或D型肉毒素配制饵料严禁用碱水或热水。刚配置好的毒饵要装袋，在2～5℃环境中闷置12小时或过夜后使用。气温过低导致冷冻结冰会影响药物渗透到饵料，温度过高会失效。未投放完的毒饵需储存在2～5℃，2天后失效 3. 投放毒饵后必须禁牧16天 4. 不宜连续两年投放同一种药剂，以防产生抗药性 5. 农药使用应符合《农药管理条例》和NY/T 1276—2007的规定
	物理防治：捕鼠夹、捕鼠笼、吊弓、索套、粘鼠板等	1. 捕鼠夹应选用大型夹 2. 捕鼠夹应固定在地表，防止长尾黄鼠拖走 3. 鼠尸尽快处理，处理鼠尸人员应做好个人防护
6—8月	天敌防治：采取建设鹰墩、鹰架、鹰巢，招鹰控鼠	注意保护其他天敌，减少人类活动对天敌的影响
	生态防治：可适当采取禁牧、休牧、封育、草地补播等方法，以利植被恢复，降低鼠类栖息生境的适合度，长期有效抑制害鼠种群增长	草地补播参照NY/T 1342—2007执行
10月—翌年3月	挖洞法：在赤颊黄鼠分布区内寻找其冬眠洞穴，挖开并找到害鼠后整洞灭杀	1. 操作人员需依法注射鼠疫杆菌疫苗 2. 操作过程中注意个人防护，避免直接接触黄鼠

（阿帕尔，王志鹏）

参考文献

艾尼瓦尔·库尔班, 郝敬贡, 赛力汗, 等. 乌鲁木齐市沙鼠鼠疫疫源地夜行鼠类调查[J]. 中国地方病防治杂志, 2010, 25(3): 212-213.

白鸿岩, 常国彬, 胡晨阳, 等. 人工投放地芬·硫酸钡饵剂防治梭梭林大沙鼠试验初报[J]. 中国森林病虫, 2020, 39(4): 41-44.

包延东. 甘南草原主要鼠类发生现状及其防控技术研究[D]. 兰州: 甘肃农业大学, 2018.

党惠才, 郭正财, 康淑红. 草原兔尾鼠种群数量分布及周期性初探[J]. 新疆畜牧业, 2007(S1): 21-22.

董维惠, 侯希贤, 杨玉平. 三趾跳鼠种群数量动态及预测研究[J]. 中华卫生杀虫药械, 2008(3): 181-184.

甘肃农业大学. 草原保护学第一分册草原啮齿动物学[M]. 北京: 中国农业出版社, 1984.

巩爱岐. 青海草地害鼠害虫毒草研究与防治[M]. 西宁: 青海人民出版社, 2004.

郝守身, 王明月, 热西提, 等. 褐斑鼠兔对草场的危害及防治后的效益[J]. 动物学杂志, 1985(3): 23-26.

和希格, 刘国柱, 李建平. 赤颊黄鼠的生态初步调查[J]. 兽类学报, 1981(1): 85-91.

黄继荣, 王炎, 李联涛. 长爪沙鼠生物学特性调查研究[J]. 宁夏农林科技, 2006(6): 36-37.

姜永进, 魏善武, 王祖望, 等. 海北高寒草甸金露梅灌丛根田鼠种群生产力的研究I. 种群动态[J]. 兽类学报, 1991(4): 270-278.

蒋卫, 黎唯, 张兰英, 等. 实验条件下几种灭鼠剂对草原兔尾鼠的杀灭效果[J]. 地方病通报, 1999(1): 41-44.

蒋卫, 郑强, 张兰英, 等. 草原兔尾鼠的生长发育[J]. 动物学杂志, 1995(3): 27-31.

焦德庆. 达乌尔黄鼠的生活习性及防治措施[J]. 现代畜牧科技, 2021(6): 81-82.

靳宁富, 黄继荣, 牛峰. 长爪沙鼠综合防治技术研究[J]. 宁夏农林科技, 2006(5): 11-12.

井燕, 徐来祥, 王玉山. 青藏地区喜马拉雅旱獭的鼠疫及防治策略[J]. 国土与自然资源研究, 2007(2): 81-82.

李生庆, 张西云, 胡国元, 等. D型肉毒梭菌生物毒素防治青海田鼠的试验研究[J]. 野生动物学报, 2016, 37(4): 297-300.

李生庆, 张西云, 刘怀新, 等. D型肉毒梭菌毒素灭鼠剂防治高原鼢鼠的试验研究[J]. 野生动物学报, 2019, 40(4): 866-872.

刘海, 张生祥, 康淑红, 等. 草原兔尾鼠的危害及防治[J]. 新疆畜牧业, 2007(S1): 51-52.

刘丽, 周俗, 刘芳, 等. 不同灭鼠饵剂对高原鼠兔种群密度的影响[J]. 草原与草坪, 2018, 38(4): 94-98.

卢静. 长爪沙鼠生物学特性研究[D]. 北京: 中国农业大学, 2004.

罗泽珣, 郝守身, 梁志安, 等. 呼伦贝尔草原有关布氏田鼠防治方面的某些生物学研究[J]. 动物学报, 1975(1): 51-61.

马良贤, 王学锋, 侯兰新, 等. 新疆东部草原鼠害的调查及危害类型的划分[J]. 西北民族学院学报, 1996(1): 47-50.

农业部畜牧业司, 全国畜牧总站. 草原植保实用技术手册[M]. 北京: 中国农业出版社, 2010.

沙依拉吾, 努尔古丽, 阿帕尔, 等. 黄兔尾鼠日食量的初步观察[J]. 草食家畜, 2013(4): 43-45.

苏军虎, 刘荣堂, 纪维红, 等. 我国草地鼠害防治与研究的发展阶段及特征[J]. 草业科学, 2013, 30(7): 1116-1123.

孙飞达, 龙瑞军, 郭正刚, 等. 鼠类活动对高寒草甸植物群落及土壤环境的影响[J]. 草业科学, 2011, 28(1): 146-151.

涂雄兵, 杜桂林, 李春杰, 等. 草地有害生物生物防治研究进展[J]. 中国生物防治学报, 2015, 31(5): 780-788.

王香亭. 甘肃脊椎动物志[M]. 兰州: 甘肃科学技术出版社, 1991.

王钰, 周俗, 赖秀兰, 等. 川西北草地高原鼢鼠分布、危害现状调查与防控对策[J]. 草学, 2021(5): 54-59.

许雅娟. 荒漠化草原大沙鼠鼠害防治技术及措施[J]. 农业灾害研究, 2020, 10(4): 32-33+38.

许永红. 陇东旱塬地区中华鼢鼠的特征特性及防治技术[J]. 现代农业科技, 2013(11): 159+162.

张德勇. 高原鼢鼠的危害与防治[J]. 四川畜牧兽医, 2011, 38(7): 42-43.

张鹏, 姚圣忠, 赵秀英, 等. 张家口坝上地区草原鼢鼠危害及防控研究[J]. 河北林业科技, 2010(2): 35+40.

张渝疆, 孙素荣, 亢睿, 等. 新疆木垒县草原兔尾鼠种群数量的动态变化[J]. 干旱区研究, 2004(1): 93-95.

张渝疆, 张富春, 孙素荣, 等. 准噶尔盆地东南缘草原兔尾鼠(*Lagurus lagurus*)种群空间分布研究[J]. 新疆大学学报(自然科学版), 2004(3): 300-303.

张志海, 郑洪源, 侯国亮. 子午沙鼠的发生危害及防治研究[J]. 陕西农业科学, 2002(4): 15-20.

赵登科. 黄兔尾鼠种群年龄结构与发生规律初探[J]. 草原与草坪, 2003(3): 53-54.

赵肯堂. 三趾跳鼠(*Dipus sagitta* Pallas)的生态研究[J]. 动物学杂志, 1964(02): 59-62.

赵明礼, 乔峰, 高树廷, 等. 几种杀鼠剂防治布氏田鼠试验[J]. 中国草地, 1994(4): 51-53.

赵天飙. 大沙鼠种群空间分布格局、栖息地选择及种群动态的研究[D]. 呼和浩特：内蒙古大学, 2006.

中国科学院中国动物志委员会. 中国动物志, 兽纲. 第六卷, 啮齿目. 下册, 仓鼠科[M]. 北京：科学出版社, 2016.

虫害

01 中华剑角蝗
Acrida cinerea

分布与危害 主要分布在北京、宁夏、甘肃、内蒙古、陕西、四川、云南、贵州、山西、河北、山东、江苏、安徽、浙江、福建、江西、湖南、湖北、广西、广东等地。喜欢在平原、丘陵、山坡、沟渠地边，荒滩植被较稀疏的地方活动。主要危害禾本科植物，包括谷子、玉米、高粱、小麦、马唐、狗牙根、稗草、狗尾草、芦苇、獐毛等。

主要形态特征 剑角蝗科剑角蝗属。雄性：体中大型，体长30.0～47.0毫米，前翅长25.0～36.0毫米，后足股节长20.0～22.0毫米。头圆锥形。颜面极倾斜，颜面隆起极狭，全长具纵沟。头顶突出，顶圆，自复眼前缘到头顶顶端的长度等于或略短于复眼的纵径。触角剑状。复眼长卵形。前胸背板宽平，具细小颗粒，侧隆线近直，在沟后区较向外开张，后横沟位于背板中部的稍后处，在侧隆线之间直，不向前呈弧形突出，侧片后缘较凹入，下部具有几个尖锐的结节，侧片后下角锐角形，向后突出。中胸腹板侧叶间中隔的长度大于最狭处的2.5～3倍。前翅发达，超过后足股节的顶端，顶尖锐。后足股节上膝侧片顶端内侧刺长于外侧刺。跗

展翅图（雌性）　　背面观（雌性）　　　侧面观（雌性）

中华剑角蝗（刘玥提供）

节爪间中垫长于爪。鼓膜片内缘直，角圆形。下生殖板较粗，上缘直，上下缘组成45°角。雌性：体大型。体长58.0～81.0毫米，前翅长47.0～65.0毫米，后足股节长40.0～43.0毫米。头顶突出，顶圆，自复眼前缘到头顶顶端的长度等于或大于复眼的纵径。下生殖板后缘具3个突起，中突与侧突几等长。其余部位特征同雄性。体色：体绿色或褐色。绿色个体在复眼后、前胸背板侧面上部、前翅肘脉域具淡红色纵条；褐色个体前翅中脉域具黑色纵条，中闰脉处具一列淡色短条纹。后翅淡绿色。后足股节和胫节绿色或褐色。

生物学特性 在北方一年发生1代，以卵在土中越冬。越冬卵翌年5月下旬开始孵化，6月上旬为孵化盛期，8月见成虫，9月初成虫开始羽化。食性较杂，主要取食禾本科植物。蝗蝻喜欢潜伏于草丛之间，成虫则喜欢在环境湿度大而阳光充足的植株上栖息。多数成虫常在植被较稀疏、土质较疏松的地段产卵。

中华剑角蝗防治历（以内蒙古自治区为例）

时间	防治方法	要点说明
6月初—8月初	生物防治： 1.药剂防治：绿僵菌、蝗虫微孢子虫可直接喷施，也可加工成饵剂撒施。阿维·苏云菌可湿性粉剂（0.18%阿维菌素和100亿活孢子/克苏云金杆菌）推荐用量为2～3克/亩。1.0%苦参碱可溶性液剂推荐用量为20～30毫升/亩。0.3%印楝素乳油推荐用量为6～10毫升/亩。1.2%烟碱·苦参碱乳油推荐用量为20～30毫升/亩。0.4%蛇床子乳油推荐用量为15～20毫升/亩。 2.牧鸡治蝗：选择饲养到60～70日龄，体重达0.3～0.5千克/只，育雏舍需做好消毒工作。牧鸡驯化后进行放牧灭蝗。一般放鸡密度为20～50只/亩，最高不宜超过80只。每日5：00—6：00放出，10：00召回，15：00放出，天黑前召回。召回后饮水休息。也可整天放牧，早晚各给水补料1次，期间再给水2～3次	1.施药适期为3龄期至羽化前期 2.施药避免污染水源和池塘，避开开花作物的采蜜期，避开中午强光时间，在阴天、雨后或傍晚施药 3.中小型喷雾机械防治适合在地形较为复杂、虫害面积较小的区域；大型喷雾机械防治适用于虫害面积较大、地势平坦区域；大型飞机防治适用于高密度集中连片大面积区域，超过30万亩为宜 4.药剂用量根据药物说明书、当地虫害危害程度、施药方式确定 5.牧鸡释放时间最好在蝗蝻期。如果蝗虫太大，活动能力强，鸡和鸭对它的捕食效果差。牧鸡放养期间注意观察草场蝗虫密度，当蝗虫密度降至1～3头/平方米时，需及时倒场。注意防护高温、天敌、暴雨及疫病对牧鸡的影响
	化学防治：喷施化学药剂，如高效氯氰菊酯、高效氯氟氰菊酯等	化学药剂一般在应急防治时使用，选择高效低毒、低风险、环境友好型的药剂。农药使用应符合《农药管理条例》和NY/T 1276—2007的规定
	物理防治：采用草原蝗虫吸捕机等	

注：1亩=1/15公顷。

（刘玥）

02 素色异爪蝗
Euchorthippus unicolor

分布与危害 主要分布于陕西、甘肃、青海、宁夏、东北、河北、山西等地。主要危害长芒草、三芒草、赖草、狗尾草等禾本科植物。

主要形态特征 网翅蝗科异爪蝗属。雄性：体小型，体长13.1～17.0毫米，前翅长6.8～9.7毫米，后足股节长8.1～11.0毫米。头部短于前胸背板。头顶宽短，顶端钝，呈钝角形，自复眼前缘到头顶顶端的距离短于复眼前头顶最宽处的1.7～2.4倍，头顶及后头中隆线不明显。头侧窝四角形，长为宽的2倍以上。颜面颇向后倾斜，颜面隆起明显，具纵沟，侧缘近平行。触角丝状，细长，超过前胸背板的后缘。复眼卵形，位于头之中部略前。前胸背板前缘较直，后缘圆弧形；中隆线低而明显，侧隆线在沟前区几乎平行，在沟后区略扩大，后横沟位于中部之后，沟前区长度大于沟后区的长度。中胸腹板侧叶较宽地分开，后胸腹板侧叶分开较狭。前翅狭长，顶尖，到达肛上板的基部；缘前脉域近基部明显扩大，顶端不超过前翅的中部。后足股节匀称，膝侧片顶端圆形。后足胫节内侧具刺11～12个，外侧10～11个，缺外端刺。爪间中垫大，到达短爪的顶端。鼓膜孔半圆形。下生殖板细长锥形，顶尖，其长度为基部宽的1.5～1.7倍。阳具基背片冠突具3叶。雌性：体比雄性大。体

展翅图（雄性）　背面观（雌性）　背面观（雄性）　侧面观（雄性）

侧面观（雌性）

素色异爪蝗（刘玥提供）

长18.7～23.0毫米，前翅长7.7～11.5毫米，后足股节长11.6～14.0毫米。头顶宽短，较圆。颜面倾斜，触角较短，刚到达前胸背板后缘。中、后胸腹板侧叶均较宽地分开。前翅短缩，略不到达、刚到达或略超过后足股节的中部，缘前脉域基部明显扩大。下生殖板后缘中央三角形突出。产卵瓣较长，上产卵瓣上外缘无细齿，下产卵瓣端部具凹陷。其余部位特征同雄性。体色：体黄绿色或褐绿色。前胸背板侧隆线外侧具不明显的暗色纵纹，前翅黄绿色或黄褐色，后足股节及胫节黄绿色或黄褐色，上膝侧片色较暗。

生物学特性　一年发生1代，以卵在土中越冬。

素色异爪蝗防治历 （以内蒙古自治区为例）

时间	防治方法	要点说明
6月初—8月初	生物防治： 1.药剂防治：绿僵菌、蝗虫微孢子虫可直接喷施，也可加工成饵剂撒施。阿维·苏云菌可湿性粉剂（0.18%阿维菌素和100亿活孢子/克苏云金杆菌）推荐用量为2～3克/亩。1.0%苦参碱可溶性液剂推荐用量为20～30毫升/亩。0.3%印楝素乳油推荐用量为6～10毫升/亩。1.2%烟碱·苦参碱乳油推荐用量为20～30毫升/亩。0.4%蛇床子乳油推荐用量为15～20毫升/亩 2.牧鸡治蝗：选择饲养到60～70日龄，体重达到0.3～0.5千克/只，育雏舍需做好消毒工作。牧鸡驯化后进行放牧灭蝗。一般放鸡密度为20～50只/亩，最高不宜超过80只。每日5：00—6：00放出，10：00召回，15：00放出，天黑前召回。召回后饮水休息。也可整天放牧，早晚各给水补料1次，期间再给水2～3次	1.施药适期为3龄期至羽化前期 2.施药避免污染水源和池塘，避开开花作物的采蜜期，避开中午强光时间，在阴天、雨后或傍晚施药 3.中小型喷雾机械防治适合在地形较为复杂、虫害面积较小的区域；大型喷雾机械防治适用于虫害面积较大、地势平坦区域；大型飞机防治适用于高密度集中连片大面积区域，超过30万亩为宜 4.药用用量根据药物说明书、当地虫害危害程度、施药方式确定 5.牧鸡释放时间最好在蝗蝻期。如果蝗虫太大、活动能力强，鸡和鸭对它的捕食效果差。牧鸡放养期间注意观察草场蝗虫密度，当蝗虫密度降至1～3头/平方米时，需及时倒场。注意防护高温、天敌、暴雨及疫病对牧鸡的影响
	化学防治：喷施化学药剂。如高效氯氰菊酯、高效氯氟氰菊酯等	化学药剂一般在应急防治时使用，选择高效低毒、低风险、环境友好型的药剂。农药使用应符合《农药管理条例》和NY/T 1276—2007的规定
	物理防治：采用草原蝗虫吸捕机等	

（刘玥）

03 红胫戟纹蝗

Dociostaurus kraussi subsp. *kraussi*

分布与危害 主要分布在新疆；主要危害禾本科和莎草科植物。

主要形态特征 网翅蝗科戟纹蝗属。雄性：体小型，粗短，体长16.0～20.0毫米，前翅长11.0～15.0毫米，后足股节长20.0～22.0毫米。头顶宽短，顶锐角形，侧缘隆线明显，中部凹陷，眼间距的宽度为颜面隆起在触角间宽度的2倍。头部背面光滑，缺中隆线。头侧窝四角形，长为宽的2倍。颜面近垂直，颜面隆起宽，具浅纵沟，侧缘在中眼处略收缩，向下渐扩大，近唇基处消失。触角丝状。到达或超过前胸背板后缘，中段一节的长度为宽度的2倍。复眼卵圆形，纵径为横径的1.2倍，为眼下沟长度的1.5倍。前胸背板前缘近平直，后缘角圆形；中隆线明显，侧隆线在沟前区消失，在沟后区明显，沟后区侧隆线间的宽度为其长度的1.47倍；三条横沟均明显，仅后横沟切断中隆线；沟后区长度与沟前区等长或略长。前翅发达，超过后足股节的顶端，翅顶圆形；前缘脉域较宽，为中脉域宽的1.5倍；缘前脉域具不规则的闰脉。后翅与前翅等长。后足股节粗短。长为宽的3.6倍，膝侧片顶圆形。后足胫节外侧具刺11个，内侧11个，缺外端刺，内侧端部之下距略长于上距。后足跗节第一节长度为二、三节之和。爪间中垫小，不达爪之一半。腹部末节背板的尾片较宽。肛上板三角形。尾须锥形，顶钝，下生殖板短锥形，顶端较钝。雌性：体中小型，粗胖。体长23.0～26.0毫米，前翅长11.0～15.0毫米，后足股节长13毫米。头顶宽，顶近直角形，眼间距的宽度为触角间颜面隆起宽的1.8～2.0倍。头侧窝梯形，长为宽的1.4倍。前翅较短，不到达或刚达后股节膝部，前缘脉域较狭，其宽度略大于中脉域。后股节粗短，长为宽的3.3倍。产卵瓣粗短，上产卵瓣上外缘近端部凹陷明显。其余部位特征同雄性。体色：体黄褐色。前胸背板沟后区"X"形淡色纹较宽，其最宽处为沟前区淡色纹宽的4倍。前胸背板侧片在前横沟与后横沟之间具一黑色大斑。前翅黄褐色，在前缘脉域基部色较淡，沿中脉域及翅端部具有不明显的暗色斑数个。后足股节黄褐色，上侧具二黑色横带，外侧下隆线上具5～7个黑色小斑点；外侧上膝侧片黑色，下膝侧片黄褐色。后足胫节红色。

红胫戟纹蝗（赵莉提供）

生物学特性 在新疆地区每年发生1代,以卵在土中越冬。其孵化及产卵随地点、环境及年份的不同有着较大的差异。一般年份最早孵化出现在4月中下旬或5月初,孵化盛期在5月上中旬,孵化末期可到5月下旬。在一日中,以上午孵化量最多。成虫在一般情况下羽化5～7天后,即可进入交配盛期。交配后5～14天进行产卵。产卵多选择在土质比较坚硬结实、植被稀疏的荒漠草原以及休闲麦地的田垄、田埂和路边的土壤。雌性产卵后当日或次日又可与雄性成虫进行交配。雌性产卵期最长可达27天,一般15天左右。雌虫一般产1～4个卵囊,每个卵囊含卵5～15粒。蝗蝻喜跳跃,大龄蝗蝻一次可跳跃80～100厘米,无聚集习性。在一般晴天情况下,清晨与傍晚多栖息于植被草根附近;一日中以10:00—12:00及15:00—17:00比较活跃。当距地表10厘米的气温增高到18℃时,蝗蝻开始取食。当地面温度达到25～30℃时,蝗蝻普遍取食,当地面温度达到34℃时,则多数蝗蝻在草间爬行取食或静止,或连续跳跃。

红胫戟纹蝗防治历 (以新疆维吾尔自治区为例)

时间	防治方法	要点说明
6月上旬—7月中旬	生物防治: 1.药剂防治:绿僵菌、蝗虫微孢子虫可直接喷施,也可加工成饵剂撒施。阿维·苏云菌可湿性粉剂(0.18%阿维菌素和100亿活孢子/克苏云金杆菌)推荐用量为2～3克/亩。1.0%苦参碱可溶性液剂推荐用量为20～30毫升/亩。0.3%印楝素乳油推荐用量为6～10毫升/亩。1.2%烟碱·苦参碱乳油推荐用量为20～30毫升/亩。0.4%蛇床子乳油推荐用量为15～20毫升/亩 2.牧鸡治蝗:选择饲养到60～70日龄、体重达到0.3～0.5千克/只,育雏舍需做好消毒工作。牧鸡驯化后进行放牧灭蝗。一般放鸡密度为20～50只/亩,最高不宜超过80只。每日5:00—6:00放出,10:00召回,15:00放出,天黑前召回。召回后饮水休息。也可整天放牧,早晚各给水补料1次,期间再给水2～3次 3.粉红椋鸟:在蝗区修筑鸟巢和乱石堆,为其创造栖息场所,招引粉红椋鸟栖息育雏,捕食蝗虫	1.施药适期为3龄期至羽化前期 2.施药避免污染水源和池塘,避开开花作物的采蜜期,避开中午强光时间,在阴天、雨后或傍晚施药 3.中小型喷雾机械防治适合在地形较为复杂,虫害面积较小的区域;大型喷雾机械防治适用于虫害面积较大,地势平坦区域;大型飞机防治适用于高密度集中连片大面积区域,超过30万亩为宜 4.药剂用量根据药物说明书、当地虫害危害程度、施药方式确定 5.牧鸡释放时间最好在蝗蝻期。如果蝗虫太大,活动能力强,鸡和鸭对它的捕食效果差。牧鸡放养期间注意观察草场蝗虫密度,当蝗虫密度降至1～3头/平方米时,需及时倒场。注意防护高温、天敌、暴雨及疫病对牧鸡的影响
7月下旬—9月	化学防治:喷施化学药剂。如高效氯氰菊酯、高效氯氟氰菊酯等	化学药剂一般在应急防治时使用,选择高效低毒、低风险、环境友好型的药剂。农药使用应符合《农药管理条例》和NY/T 1276—2007的规定
	物理防治:采用草原蝗虫吸捕机等	

(吴建国,杨坤)

04 宽翅曲背蝗

Pararcyptera microptera subsp. *meridionalis*

分布与危害 主要分布于黑龙江、吉林、辽宁、内蒙古、甘肃、青海、河北、山西、陕西、山东等省区。以危害禾本科牧草为主，同时也危害莎草科、豆科、十字花科等植物，有时也侵入农田；喜食小麦、荞麦、莜麦等。宽翅曲背蝗取食危害造成植物断茎、秃尖、落叶、穿孔、缺刻等现象，严重影响牧草的生长及产量。

主要形态特征 网翅蝗科曲背蝗属。雄性：体中型，体长 23.0～28.0 毫米，前翅长 16.0～21.0 毫米，后足股节长 15.0～17.0 毫米。头部较大，头顶宽短，三角形，中央略凹，侧缘和前线的隆线明显。头侧窝长方形，较凹，在顶端相隔较近。颜面侧观明显向后倾斜。颜面隆起宽平，无纵沟，略低凹，侧缘较钝。复眼卵圆形，其垂直直径为其水平直径的 1.33 倍。触角丝状，超过前胸背板的后缘。前胸背板宽平，前缘较平直，

宽翅曲背蝗（单艳敏提供）

后缘圆弧形；中隆线明显隆起；侧隆线明显。其中部在沟前区颇向内弯曲呈"X"形，侧隆线间的最宽处约等于最狭处的 1.5～2 倍；后横沟切断侧隆线和中隆线；沟前区与沟后区的长度几乎相等。前胸腹板前缘在两前足基部之间呈较低的三角形隆起。中胸腹板侧叶间中隔较狭，其最狭处几乎相等于其长度。后胸膜板侧叶间中隔全长彼此分开。前翅发达，略不到达或刚到达后足股节末端。前翅肘脉域较宽，其最宽处约为中脉域近顶端员狭处的 2 倍；前缘脉域较宽，最宽处约等于亚前缘脉域最宽处的 2.5～3 倍。中脉域通常无中闰脉。后翅略短于前翅。后足股节粗短，股节的长度为其宽度的 3.9～4.1 倍；上侧中隆线无细齿；外侧下膝侧片顶端圆形。后足胫节缺外端刺，沿外缘具刺 12～13 个。跗节爪间中垫较短，刚到达爪的中部。尾须圆锥形，到达或略超过肛上板的顶端。下生殖板短锥形，顶端略尖。阳茎复合体、阳具基背片。雌性：较雄性大，且粗壮。体长 35.0～39.0 毫米，前翅长 17.0～22.0 毫米，后足股节长 18.0～23.0 毫米。触角较短，刚到达前胸背板后缘。中胸腹板侧叶间中隔最狭处较宽于其校度前翅较短通常超过后足股节的中部。前翅肘脉域较狭，肘脉域的最宽处几乎相等于中脉域的最宽处。产卵瓣粗短，上产卵瓣的外缘无细齿。体色：体黄褐、褐或黑

褐色，头部背面有黑色"八"形纹。前胸背板侧隆线呈黄白色"X"形纹，侧片中部具淡色斑，前翅具有细碎黑色斑点；前缘脉域具较宽的黄白色纵纹。后足股节黄褐色，具三个暗色横斑，雄性后足股节底侧橙红色，雄性内、外膝侧片黑色，雌性内、外下膝侧片黄白色。后足股节橙红色，近基部具淡色环。

生物学特性 宽翅曲背蝗一般每年发生1代，以卵在土壤中越冬。在黑龙江省，越冬卵于翌年5月中旬开始孵化，5月下旬为孵化盛期，6月下旬—7月上旬羽化为成虫，并开始交配产卵。在内蒙古西部，5月上旬开始孵化出土，中下旬为盛期；6月中旬始见成虫，羽化盛期在6月下旬—7月上旬。6月下旬开始产卵，7月上中旬为盛期。成虫活动可到8、9月份。

宽翅曲背蝗防治历 （以内蒙古自治区为例）

时间	调查及防治方法	要点说明
6月初—8月初	生物防治： 1.药剂防治：绿僵菌、蝗虫微孢子虫可直接喷施，也可加工成饵剂撒施。阿维·苏云菌可湿性粉剂（0.18%阿维菌素和100亿活孢子/克苏云金杆菌）推荐用量为2～3克/亩。1.0%苦参碱可溶性液剂推荐用量为20～30毫升/亩。0.3%印楝素乳油推荐用量为6～10毫升/亩。1.2%烟碱·苦参碱乳油推荐用量为20～30毫升/亩。0.4%蛇床子乳油推荐用量为15～20毫升/亩 2.牧鸡治蝗：选择饲养到60～70日龄，体重达到0.3～0.5千克/只，育雏舍需做好消毒工作。牧鸡驯化后进行放牧灭蝗。一般放鸡密度为20～50只/亩，最高不宜超过80只。每日5:00—6:00放出，10:00召回，15:00放出，天黑前召回。召回后饮水休息。也可整天放牧，早晚各给水补料1次，期间再给水2～3次	1.施药适期为3龄期至羽化前期 2.施药避免污染水源和池塘，避开开花作物的采蜜期，避开中午强光时间，在阴天、雨后或傍晚施药 3.中小型喷雾机械防治适合在地形较为复杂、虫害面积较小的区域；大型喷雾机械防治适用于虫害面积较大、地势平坦区域；大型飞机防治适用于高密度集中连片大面积区域，超过30万亩为宜 4.药剂用量根据药物说明书、当地虫害危害程度、施药方式确定 5.牧鸡释放时间最好在蝗蝻期。如果蝗虫太大，活动能力强，鸡和鸭对它的捕食效果差。牧鸡放养期间注意观察草场蝗虫密度，当蝗虫密度降至1～3头/平方米时，需及时倒场。注意防护高温、天敌、暴雨及疫病对牧鸡的影响
	化学防治：喷施化学药剂。如高效氯氰菊酯、高效氯氟氰菊酯等	化学药剂一般在应急防治时使用，选择高效低毒、低风险、环境友好型的药剂。农药使用应符合《农药管理条例》和NY/T 1276—2007的规定
	物理防治：采用草原蝗虫吸捕机等	

（刘玥）

05 黑腿星翅蝗

Calliptamus barbarus subsp. *barbarus*

分布与危害 主要分布在新疆、青海、甘肃、宁夏、内蒙古等地；危害菊科、禾本科、藜科、沙草科、十字花科植物。

主要形态特征 斑腿蝗科星翅蝗属。雄性：体型小至中等，体长13.7～22.0毫米，前翅长11.5～18.7毫米，后足股节长8.4～11.8毫米。头短于前胸背板。头顶略向前突出，低凹，缺头侧窝。颜面侧观略向后倾斜，颜面隆起明显，具刻点，缺纵沟，两侧缘几乎平行。复眼卵形。触角丝状，不到达或到达前胸背板的后缘。前胸背板圆柱状，前缘为圆弧形，后缘呈宽钝角状；中隆线和侧隆线均明显；中隆线被3条横沟割断，后横沟位于中部。前胸腹板突圆柱状，顶端钝。中胸腹板侧叶宽大于长，侧叶间之中隔的长度等于或长于它的宽度。后胸腹板侧叶彼此分开。前翅略不到达或超过后足股节的顶端。后足股节短粗，股节的长度约为其宽度的2.8～3.2倍；上侧中隆线具细齿，下膝侧片端部圆形。后足胫节缺外端刺，内缘刺具8～11个，外缘具刺8～9个。腹部末节背板后缘缺尾片。肛上板长三角形，中央具纵沟，顶端1/3具短横沟。尾须狭长，端部明显增宽，向内、向下弯曲；顶端分成上、下两齿，上齿长于下齿，下齿的下小齿较圆。下生殖板短锥形，顶端钝圆。阳具瓣较短粗，平行，骨质化程度较高，外缘切割成抹刀形，阳具瓣的侧附突较钝。雌性：近似雄性。体较大、体

展翅图（雌性） 雄性（背面观） 雌性（背面观）
雄性（侧面观） 雌性（侧面观）

黑腿星翅蝗（内蒙古林草防治检疫站提供）

长22.7～41.5毫米，前翅长16.9～30.5毫米，后足股节长13.0～21.8毫米。产卵瓣短粗，顶端呈钩状。下生殖板为长方形，后缘中央为钝圆形突出。体色：通常黄褐色或褐色，前翅具黑斑点，后翅基部红色或玫瑰色，后足胫节内侧橙红色具一较大的卵形黑色斑块，内上侧具1～3个不完整的黑斑纹，后足胫节橙红色或柠檬黄色。

生物学特性 一年发生1代，以卵在土中越冬。在新疆地区5月中旬孵化，5月下旬为孵化盛期，蝗蝻为5个龄期，每龄期7～9天，最长13天，最短6天。6月下旬开始羽化成虫。7月初交尾，中旬产卵，到下旬为产卵盛期，9—10月上旬成虫逐渐死亡。蝻期45天左右，成虫期95天左右，卵期（包括越冬期）255天左右。

黑腿星翅蝗防治历 （以内蒙古自治区为例）

时间	防治方法	要点说明
6月初—8月初	生物防治： 1. 药剂防治：绿僵菌、蝗虫微孢子虫可直接喷施，也可加工成饵剂撒施。阿维·苏云菌可湿性粉剂（0.18%阿维菌素和100亿活孢子/克苏云金杆菌）推荐用量为2～3克/亩。1.0%苦参碱可溶性液剂推荐用量为20～30毫升/亩。0.3%印楝素乳油推荐用量为6～10毫升/亩。1.2%烟碱·苦参碱乳油推荐用量为20～30毫升/亩。0.4%蛇床子乳油推荐用量为15～20毫升/亩 2. 牧鸡治蝗：选择饲养到60～70日龄，体重达到0.3～0.5千克/只，育雏舍需做好消毒工作。牧鸡驯化后进行放牧灭蝗。一般放鸡密度为20～50只/亩，最高不宜超过80只。每日5：00—6：00放出，10：00召回，15：00放出，天黑前召回。召回后饮水休息。也可整天放牧，早晚各给水补料1次，期间再给水2～3次	1. 施药适期为3龄期至羽化前期 2. 施药避免污染水源和池塘，避开开花作物的采蜜期，避开中午强光时间，在阴天、雨后或傍晚施药 3. 中小型喷雾机械防治适合在地形较为复杂、虫害面积较小的区域；大型喷雾机械防治适用于虫害面积较大，地势平坦区域；大型飞机防治适用于高密度集中连片大面积区域，超过30万亩为宜 4. 药剂用量根据药物说明书、当地虫害危害程度、施药方式确定 5. 牧鸡释放时间最好在蝗蝻期。如果蝗虫太大，活动能力强，鸡和鸭对它的捕食效果差。牧鸡放养期间注意观察草场蝗虫密度，当蝗虫密度降至1～3头/平方米时，需及时倒场。注意防护高温、天敌、暴雨及疫病对牧鸡的影响
	化学防治：喷施化学药剂。如高效氯氰菊酯、高效氯氟氰菊酯等	化学药剂一般在应急防治时使用，选择高效低毒、低风险、环境友好型的药剂。农药使用应符合《农药管理条例》和NY/T 1276—2007的规定
	物理防治：采用草原蝗虫吸捕机等	

（季彦华）

06 意大利蝗
Calliptamus talicus

分布与危害 主要分布在新疆、甘肃等地,青海和陕西的部分地区也有分布,是荒漠、半荒漠草原的重要害虫。意大利蝗危害的植物种类有30余种,主要喜食菊科的多种蒿类、藜科和禾本科植物,冷蒿、针叶苔草、羊茅等为少食,冰草和芨芨草为偶食。

主要形态特征 斑腿蝗科星翅蝗属。雄性:体型中等,体长14.5～25.0毫米,前翅长11.3～18.3毫米,后足股节长17.5～32.0毫米。颜面侧观略向后倾斜,颜面隆起宽平。头顶略向前突出。缺头侧窝。复眼卵形。触角丝状,通常到达或超过前胸背板的后缘。具明显的中隆线和侧隆线,中隆线通常被2条或3条横沟割断;后横沟位于中部,沟前区的长度约等于沟后区的长。前胸腹板突近圆柱状,端部钝圆。中胸腹板侧叶横宽,侧叶间之中隔长宽近相等或宽略大于长。后胸腹板侧叶在端部彼此分开。前、后翅发达,到达或超过后足股节的端部。后足股节短粗,股节的长度约为其最宽处的3.2～3.9倍;上侧中隆线的细齿明显可见。后足胫节缺外端刺,内、外缘刺各9～10个。腹部末节背板的后缘缺尾片。雌性:似雄性,但体型较粗大,体长23.5～41.1毫米,前翅长17.5～32.0毫米,后足股节长13.8～21.8毫米。体色:体通常褐色、黄褐色或灰褐色。前胸背板沿侧隆线有时具淡色纵条纹。前翅褐色,

意大利蝗雌虫(吴建国提供)

意大利蝗雄虫(吴建国提供)

具许多大小不一的黑色斑点。后翅基部为红色或玫瑰色。后足股节内侧红色或玫瑰色,具2个不到达底缘的黑斑纹;上膝侧片黑色。后足胫节红色。

生物学特性 每年发生1代,以卵在土中越冬。一般年份,卵孵化最早出现在5月上

旬，5月中下旬为孵化盛期，个别年份孵化末期可延迟至6月上中旬。最早羽化期约在6月上旬，羽化盛期通常在6月中旬。产卵初期在6月下旬，盛期在7月上中旬，产卵末期可延迟到8月。蝗蝻1龄期为8～12天，2龄期为6～15天，3龄期为5～16天，4龄期5～19天，5龄期15.47天，6龄期为6.57天，成虫寿命雌性20～51天，平均35.5天；雄性33～54天，平均43.5天。每年5月初，孵化出土的蝗蝻群聚在一起，形成一个数千米长、200～300米宽的黑色条带，并有规律地朝着生长茂盛的农田或打草场推土式啃食、迁移。产卵多在10：00—16：00，多选择在不太坚硬、碎石较多的裸露地段。蝗蝻有聚集、趋光、晒体的习性，常随太阳光线照射的角度不同而改变其聚集的位置。意大利蝗体型较大、食量大、繁殖力强，在海拔500～2000米的各类草原都有发生。意大利蝗在高密度时具有明显的群居性和迁飞性，成虫的迁飞距离可达200～300千米。

意大利蝗防治历 （以新疆维吾尔自治区为例）

时间	防治方法	要点说明
6月初—8月初	生物防治： 1.药剂防治：绿僵菌、蝗虫微孢子虫可直接喷施，也可加工成饵剂撒施。阿维·苏云菌可湿性粉剂（0.18%阿维菌素和100亿活孢子/克苏云金杆菌）推荐用量为2～3克/亩。1.0%苦参碱可溶性液剂推荐用量为20～30毫升/亩。0.3%印楝素乳油推荐用量为6～10毫升/亩。1.2%烟碱·苦参碱乳油推荐用量为20～30毫升/亩。0.4%蛇床子乳油推荐用量为15～20毫升/亩 2.牧鸡治蝗：选择饲养到60～70日龄，体重达到0.3～0.5千克/只，育雏舍需做好消毒工作。牧鸡驯化后进行放牧灭蝗。一般放鸡密度为20～50只/亩，最高不宜超过80只。每日5：00—6：00放出，10：00召回，15：00放出，天黑前召回。召回后饮水休息。也可整天放牧，早晚各给水补料1次，期间再给水2～3次 3.粉红椋鸟：在蝗区修筑鸟巢和乱石堆，为其创造栖息场所，招引粉红椋鸟栖息育雏，捕食蝗虫	1.施药适期为3龄期至羽化前期 2.施药避免污染水源和池塘，避开开花作物的采蜜期，避开中午强光时间，在阴天、雨后或傍晚施药 3.中小型喷雾机械防治适合在地形较为复杂，虫害面积较小的区域；大型喷雾机械防治适用于虫害面积较大，地势平坦区域；大型飞机防治适用于高密度集中连片大面积区域，超过30万亩为宜 4.药剂用量根据药物说明书、当地虫害危害程度、施药方式确定 5.牧鸡释放时间最好在蝗蝻期。如果蝗虫太大，活动能力强，鸡和鸭对它的捕食效果差。牧鸡放养期间注意观察草场蝗虫密度，当蝗虫密度降至1～3头/平方米时，需及时倒场。注意防护高温、天敌、暴雨及疫病对牧鸡的影响
	化学防治：喷施化学药剂。如高效氯氰菊酯、高效氯氟氰菊酯等	化学药剂一般在应急防治时使用，选择高效低毒、低风险、环境友好型的药剂。农药使用应符合《农药管理条例》和NY/T 1276—2007的规定
	物理防治：采用草原蝗虫吸捕机等	

(吴建国，李璇)

07 中华稻蝗
Oxya chinensis

分布与危害 主要分布于内蒙古、黑龙江、吉林、辽宁、北京、天津、河北、河南、江苏、山东、陕西、四川、湖北、湖南、江西、福建、广东、广西、海南、甘肃、云南等地。对作物的危害是以成虫、蝗蝻咬食叶片，咬断茎秆和幼芽的方式。水稻被害叶片成缺刻，严重稻叶被吃光，也能咬坏穗颈和乳熟的谷粒。主要危害水稻，也危害玉米、谷子、高粱、竹子、棕榈、芭蕉、茶树、柑橘以及芦苇等禾本科杂草。

主要形态特征 斑腿蝗科稻蝗属。雄性：体型中等，体长15.1～33.1毫米，前翅长10.4～25.5毫米，后足股节长9.7～18.2毫米。体表具有细小刻点。头顶宽短，顶端宽圆，其在复眼之间的宽度略宽于其颜面隆起在触角之间的宽度。颜面隆起较宽纵沟明显，两侧缘近乎平行。复眼较大，为卵形。触角细长，其长到达或略超过前胸背板的后缘，其中段一节的长度为其宽度的1.5～2倍。前胸背板较宽平，两侧缘几乎平行，中隆线明显，线状，缺侧隆线；3条横沟均明显，后横沟位近后端，沟前区略长于沟后区。前胸腹板突锥形，顶端较尖。中胸腹板侧叶间之中隔较狭，中隔的长度明显大于其宽度。前翅较长，常到达或刚超过后足胫节的中部；后翅略短于前翅。后足胫节匀称，上隆线缺细齿；内、外下膝侧片的顶端均具有锐刺；后足胫节近端部之半的上侧内、外缘均扩大成狭片状，顶端

雄性中华稻蝗（单艳敏提供）

具有外端刺和内端刺；跗节爪间的中垫较大，常超过爪长。肛上板为较宽的三角形，表面平滑，两侧中部缺突起，基部表面缺侧沟。尾须为圆锥形，较直，端部为圆形或略尖。阳具基背片桥部较狭，缺锚状突；外冠突较长，近似钩状；内冠突较小，为齿状。色带后突背观为宽圆，两侧突较小，略可见；色带瓣较宽，向后凹入较深；阳具端瓣较细长，向上弯曲。雌性：体型较大于雄性，体长19.6～40.5毫米，前翅长11.4～32.6毫米，后足股节长

11.7～23.0毫米。头顶宽短，其在复眼间的宽度明显宽于颜面隆起在触角间的宽度。触角略较短，常不到达前胸背板的后缘。前翅的前缘具不明显的刺。腹部第二、三节背板侧缘的后下角缺刺，有时略隆起。产卵瓣较细长，外缘具细齿，各齿近乎等长；在下产卵瓣基部腹面的内缘各具有1个刺。下生殖板表面略隆起在近后缘之两侧缺或各具有不明显的小齿；后缘较平，中央具有1对小齿。体色：绿色或褐绿色，或背面黄褐色，侧面绿色，常有变异。头部在复眼之后、沿前胸背板侧片的上缘具有明显的褐色纵条纹。前翅绿色，或前缘绿色、后部为褐色；后翅本色。后足股节绿色，膝部之上膝侧片褐色或暗褐色。后足胫节绿色或青绿色，基部暗色。胫节刺的顶端为黑色。

生物学特性 一年发生1代，以受精卵越冬。卵块颇似半个花生，呈黄根色，长13～20毫米，直径6～9毫米，每块含卵35粒左右。卵在5月上旬开始孵化，1～2龄蝗蝻大多在稻田田埂的杂草上取食，3龄逐渐趋向稻田并以稻苗幼叶为食，且喜群居生活，4龄蝗蝻食量增大，至7月中下旬羽化为成虫，成虫食量最大。成虫可短距离飞翔。成虫半月之后，雌雄开始交配。中华稻蝗不完全变态，初春孵化的蝗蝻，自然条件下一般经过4次蜕皮（大约10～15天一个龄期）后羽化出完全的翅成为成虫，不久性成熟后可产卵，卵在雌蝗阴道内受精，雌蝗产出的受精卵形成卵块，一生可产1～3个卵块，雌蝗产卵可延至9月间；多产在田埂内。喜栖息在低洼潮湿的地方。成虫警惕性强，喜跳跃，受惊扰时迅速逃离或转移到叶背面。

中华稻蝗防治历 （以东北地区为例）

时间	防治方法	要点说明
5—8月	生物防治：虫口密度为25～75头/平方米时，采用1%苦参碱可溶液杀虫剂稀释1000～1200倍或0.5%虫菊苦参碱杀虫剂稀释1000～1200倍常量喷施 化学防治：虫口密度达75头/平方米以上时，采用4.5%高效氯氰菊酯油剂稀释300～500倍常量喷施	选择无降水，温度相对较高的天气情况下完成

（臧奇聪）

08 沙漠蝗
Schistocerca gregaria

分布与危害 曾在我国云南、西藏等省份出现。由于青藏高原地理阻隔，没有形成种群，尚未造成灾害。沙漠蝗为杂食性昆虫，可取食300多种植物，包括紫草科、禾本科、大戟科、藜科、豆科、苋科等一年生或多年生草本植物。

主要形态特征 斑腿蝗科沙漠蝗属。雄性：体型粗大，体长45.8～55.3毫米，前翅长44.6～60.5毫米，后足股节长20.7～24.5毫米。头短于前胸背板。颜面侧观近垂直或略后倾，颜面隆起在中单眼之上的宽度较中单眼之下为宽，两侧缘不平行。头顶短，略凹陷。复眼大，卵形。触角到达或超过前胸背板的后缘。前胸背板沟前区在群居型甚缩狭，具小刻点，中隆线不明显，后缘呈宽圆形；而散居型沟前区略缩狭具粗刻点，中隆线明显，后缘近90°，略圆。前胸

沙漠蝗（刘军提供）

腹板突圆锥状，直或微后倾。中胸腹板侧叶狭长，后角明显向内突出成锐角；侧叶间之中隔呈梯形，中隔的长度明显大于其最狭处。后胸腹板侧叶略分开或毗连。前、后翅狭长，明显超过后足股节的端部，长约为宽的5～5.5倍。后足股节很细长，股节的长度5～5.6倍于其宽度。后足胫节无外端刺，外缘具刺9～10个，内缘具刺10～11个。肛上板长三角形，侧缘呈波浪状弯曲，后角明显突出。尾须从侧面观，基部宽，端部略缩狭，到达肛上板的顶端。下生殖板短锥状，顶端具三角形凹口，呈两叶片状。雌性：近似雄性，体长50.7～61.0毫米，前翅长52.9～63.8毫米，后足股节长21.8～31.6毫米。产卵瓣短，较尖，上产卵瓣的上外缘具细齿。体色：群居型体呈淡玫瑰色，逐渐过渡为褐红色，性成熟期呈鲜黄色；散居型淡灰色，性成熟期呈灰黄色或灰色。头部白头顶到后头具明显的淡色条纹，此条纹延伸到前胸背板的后缘。前胸背板两侧具暗色纵条纹。前翅具许多黑褐色斑点，后翅淡色。后足股节内侧黄色，上膝侧片褐色，下膝侧片黄色，后足股节黄色。

生物学特性 不完全变态昆虫，分为卵、蝗蝻和成虫3个阶段。成虫有两种类型：一种为散居型，即在低密度条件下，蝗虫多以散居型出现，相对不活跃；另一种为群居型，

更加活跃。当散居型沙漠蝗密度较高时，个体间的身体接触会刺激其向群居型转变。散居型雌成虫每头可产卵200～300粒，群居型可产95～158粒。蝗卵通常产在10～15厘米深的湿润沙土中，每头雌成虫平均可产卵2～3次，一般间隔6～11天左右。产下的卵被一种分泌物结合在一起，形成一个卵荚，长约3～4厘米。蝗卵最高密度可达5000～6000块/平方米。蝗卵一般在2周后开始孵化，蝗蝻分为5个龄期，最快在25天后羽化，成虫至少需要3周才能性成熟，并开始交配产卵。成虫存活时间为2.5～5个月，主要取决于天气和环境条件，且性成熟越早，寿命就越短。一般而言，不同区域沙漠蝗每年可发生1～4代。沙漠蝗无滞育现象，飞行能力较强。

沙漠蝗防治历 （以云南省、西藏自治区为例）

时间	防治方法	要点说明
6月初—8月初	生物防治： 1.药剂防治：绿僵菌、蝗虫微孢子虫可直接喷施，也可加工成饵剂撒施。阿维·苏云菌可湿性粉剂（0.18%阿维菌素和100亿活孢子/克苏云金杆菌）推荐用量为2～3克/亩。1.0%苦参碱可溶性液剂推荐用量为20～30毫升/亩。0.3%印楝素乳油推荐用量为6～10毫升/亩。1.2%烟碱·苦参碱乳油推荐用量为20～30毫升/亩。0.4%蛇床子乳油推荐用量为15～20毫升/亩 2.牧鸡治蝗：选择饲养到60～70日龄、体重达到0.3～0.5千克/只，育雏舍需做好消毒工作。牧鸡驯化后进行放牧灭蝗。一般放鸡密度为20～50只/亩，最高不宜超过80只。每日5：00—6：00放出，10：00召回，15：00放出，天黑前召回。召回后饮水休息。也可整天放牧，早晚各给水补料1次，期间再给水2～3次	1.施药适期为3龄期至羽化前期 2.施药避免污染水源和池塘，避开开花作物的采蜜期，避开中午强光时间，在阴天、雨后或傍晚施药 3.中小型喷雾机械防治适合在地形较为复杂、虫害面积较小的区域；大型喷雾机械防治适用于虫害面积较大，地势平坦区域；大型飞机防治适用于高密度集中连片大面积区域，超过30万亩为宜 4.药剂用量根据药物说明书、当地虫害危害程度、施药方式确定 5.牧鸡释放时间最好在蝗蝻期。如果蝗虫太大，活动能力强，鸡和鸭对它的捕食效果差。牧鸡放养期间注意观察草场蝗虫密度，当蝗虫密度降至1～3头/平方米时，需及时倒场。注意防护高温、天敌、暴雨及疫病对牧鸡的影响
	化学防治：喷施化学药剂。如高效氯氰菊酯、高效氯氟氰菊酯等	化学药剂一般在应急防治时使用，选择高效低毒、低风险、环境友好型的药剂。农药使用应符合《农药管理条例》和NY/T 1276—2007的规定
	物理防治：采用草原蝗虫吸捕机等	

（岳方正，徐震霆）

09 李氏大足蝗
Aeropus licenti

分布与危害 主要分布在内蒙古、宁夏、甘肃、青海、河北、山西、陕西、西藏等地；主要危害禾本科牧草。

主要形态特征 槌角蝗科大足蝗属。雄性：体形中等偏小，体长14.9～21.0毫米，前翅长11.4～13.0毫米，后足股节长9.3～11.0毫米。头较短于前胸背板，侧观略低于前胸背板的隆起处。头顶短宽，顶端锐角形，头侧窝明显，狭长方形。颜面侧观向后倾斜，颜面隆起在中单眼低凹处，中单眼之下处略狭，下端较宽。复眼卵形。触角细长，超过前胸背板后缘，顶端明显膨大。前胸背板中部侧观略呈弧形隆起，中隆线和弧形弯曲的侧隆线均明显，侧隆线间最大宽度为最小宽度的2.5倍。后横沟位于中部之后，沟前区长为沟后区长的1.35倍。前胸腹板略隆起。前翅发达，到达后足股节的末端；前、后肘脉不合并，全长明显分开。后翅略短于前翅。前足胫节膨大较小，不呈梨形。后足股节匀称，上侧中隆线光滑无齿，膝侧片顶端圆形。后足胫节缺外端刺，外缘具刺13～14个。跗节爪间中垫大形，超过爪之中部。下生殖板短锥形，顶端钝圆。雌性：体比雄性略大，体长20.4～25.0毫米，前翅长9.8～13.0毫米，后足股节长11.9～14.0毫米。触角较短，到达前胸背板的后缘，端部

展翅图（雄性）　　侧面观（雌性）　　侧面观（雄性）

背面观（雌性）

李氏大足蝗（刘玥提供）

略膨大。前胸背板正常，不隆起。后横沟位于中部稍后，沟前区长为沟后区长的1.2倍。前翅较短，不到达后足股节的末端；中脉域较宽。前足胫节正常不膨大。产卵瓣粗短，上产卵瓣之上外缘光滑，顶端略呈钩状。体色：体黄褐、褐或暗色，尚有混杂绿色。触角黄褐，端部暗褐色。前胸背板侧隆线黑褐色；侧片的下缘和后缘色较淡。前翅黄褐或褐色。后足股节膝部黑色，股节上侧常有两个不明显的暗色横斑，内侧基部具一黑色斜纹；雄性底侧常橙黄色。后足胫节橙红色，基部黑色。

生物学特性 一年发生1代，以卵在土中越冬，危害禾本科牧草。

李氏大足蝗防治历 （以内蒙古自治区为例）

时间	调查及防治方法	要点说明
6月初—8月初	生物防治： 1.药剂防治：绿僵菌、蝗虫微孢子虫可直接喷施，也可加工成饵剂撒施。阿维·苏云菌可湿性粉剂（0.18%阿维菌素和100亿活孢子/克苏云金杆菌）推荐用量为2～3克/亩。1.0%苦参碱可溶性液剂推荐用量为20～30毫升/亩。0.3%印楝素乳油推荐用量为6～10毫升/亩。1.2%烟碱·苦参碱乳油推荐用量为20～30毫升/亩。0.4%蛇床子乳油推荐用量为15～20毫升/亩 2.牧鸡治蝗：选择饲养到60～70日龄，体重达0.3～0.5千克/只，育雏舍需做好消毒工作。牧鸡驯化后进行放牧灭蝗。一般放鸡密度为20～50只/亩，最高不宜超过80只。每日5：00—6：00放出，10：00召回，15：00放出，天黑前召回。召回后饮水休息。也可整天放牧，早晚各给水补料1次，期间再给水2～3次	1.施药适期为3龄期至羽化前期 2.施药避免污染水源和池塘，避开开花作物的采蜜期，避开中午强光时间，在阴天、雨后或傍晚施药 3.中小型喷雾机械防治适合在地形较为复杂，虫害面积较小的区域；大型喷雾机械防治适用于虫害面积较大，地势平坦区域；大型飞机防治适用于高密度集中连片大面积区域，超过30万亩为宜 4.药剂用量根据药物说明书、当地虫害危害程度、施药方式确定 5.牧鸡释放时间最好在蝗蝻期。如果蝗虫太大，活动能力强，鸡和鸭对它的捕食效果差。牧鸡放养期间注意观察草场蝗虫密度，当蝗虫密度降至1～3头/平方米时，需及时倒场。注意防护高温、天敌、暴雨及疫病对牧鸡的影响
	化学防治：喷施化学药剂。如高效氯氰菊酯、高效氯氟氰菊酯等	化学药剂一般在应急防治时使用，选择高效低毒、低风险、环境友好型的药剂。农药使用应符合《农药管理条例》和NY/T 1276—2007的规定
	物理防治：采用草原蝗虫吸捕机等	

（刘玥）

10 西伯利亚大足蝗
Aeropus sibiricus

分布与危害 主要分布在新疆、内蒙古、黑龙江、吉林等地。寄主植物主要为禾本科、莎草科、菊科、葱科、鸢尾科等，包括羊茅、针茅、针叶苔草、草地早熟禾、冰草、天山赖草、狐茅、牛毛草、紫花苜蓿草、细柄茅、三棱草、野葱、蒲公英、马蔺、小麦等。西伯利亚蝗取食危害可导致植物茎叶破损，严重发生时，可将植物茎叶吃光。

主要形态特征 槌角蝗科大足蝗属。雄性：体形中等偏小，体长18.0～23.4毫米，前翅长13.0～16.5毫米，后足股节长11.0～12.0毫米。头较短小，侧观头部较低于隆起的前胸背板宽短，顶较钝。侧缘和前缘的隆线明显，中部略低凹。头侧窝明显，四角形，在顶端较宽地分开。侧观颜面向后倾斜，颜面隆起较宽，具较深纵沟，隆起两侧缘隆线近平行，但不到达上唇基部。复眼较小，卵形。触角较细，超过前胸背板后缘，中段一节

西伯利亚大足蝗（单艳敏提供）

长为宽的2.5～3倍，顶端明显膨大。前胸背板前缘中央略向前突出，后缘弧形；侧观明显呈圆形隆起；中隆线和呈弧形弯曲的侧隆线均明显，侧隆线间最宽处约等于最狭处的2.5～3倍，沟前区大于沟后区的1.5～2倍。前胸腹板前缘略为隆起。中胸腹板侧叶间中隔较宽，其最狭处为其长的1.5～1.7倍。后胸腹板侧叶全长彼此分开。前翅发达，较长，超过后足股节末端；前翅的前肘脉和后肘脉部分或全部彼此相合并。前足胫节明显膨大呈梨形。后足股节匀称，上膝侧片的顶端圆形。后足胫节缺外端刺，其外缘具刺13～14个，跗节爪间中垫较长，到达或略超过爪的中部。下生殖板短锥形，顶端钝圆。雌性：体较雄性大，体长19.0～25.5毫米，前翅长12.0～17.0毫米，后足股节长13.5～15.0毫米。头顶较宽，头侧窝明显，颜面侧观向后倾斜。触角细，端部略膨大，到达或略超过前胸背板后缘；中段一节的长度约为其宽度的2～2.5倍。前胸背板较平，不隆起。前翅发达，不到达、到达或略超过后足股节的末端。前翅的前、后肘脉不合并。前足胫节正常不膨大。产卵瓣粗短，上产卵瓣上外缘光滑无细齿。体色：体暗褐、黄褐色。头、前胸背板黑褐色。触角端部略褐色。上唇和唇基中央黑褐色。下唇须和小颚须淡黄色。前翅褐色，后翅本色，仅顶端具淡烟色。腹部背板两侧黑色。后足股节末端黑色。后足

胫节雄性橙黄色，雌性黄色；基部黑褐色。

生物学特性　西伯利亚大足蝗在新疆每年发生1代，以卵在土中越冬。一般孵化盛期在5月中上旬，羽化盛期在6月上旬，产卵盛期在6月下旬，成虫交配后雄性常先于雌性死亡。蝗蝻各龄历期一般为：1龄13天，2龄9~10天，3龄7~8天，4龄13天。西伯利亚大足蝗成虫从交配至产卵需6~14天，产卵深度为0.5~10厘米。喜欢集中产卵，有时每平方米卵块超过400个，产卵场所多在土质疏松、避风向阳、温度偏高而植被覆盖度较小的地方。蝗蝻在湖滨、沼泽附近和沟谷内虫口密度明显大于其他生境。蝗蝻喜欢聚集在温度较高的场所，气温高时，蝗蝻爬上植株叶茎取食。气温较低时，则在草丛根部静止不动。西伯利亚大足蝗易扩散迁移，蝗蝻初孵化时常呈小群的点状分布，2龄后开始扩散，羽化后，成虫常有较长距离的迁飞行为，其飞行高度为40~50米，有时超过100米，一次迁飞距离可达数百米，蝗虫的数量多为数百头至千头。

西伯利亚大足蝗防治历 （以新疆维吾尔自治区为例）

时间	防治方法	要点说明
6月初—8月初	生物防治： 1.药剂防治：绿僵菌、蝗虫微孢子虫可直接喷施，也可加工成饵剂撒施。阿维·苏云菌可湿性粉剂（0.18%阿维菌素和100亿活孢子/克苏云金杆菌）推荐用量为2~3克/亩。1.0%苦参碱可溶性液剂推荐用量为20~30毫升/亩。0.3%印楝素乳油推荐用量为6~10毫升/亩。1.2%烟碱·苦参碱乳油推荐用量为20~30毫升/亩。0.4%蛇床子乳油推荐用量为15~20毫升/亩 2.牧鸡治蝗：选择饲养到60~70日龄，体重达到0.3~0.5千克/只，育雏舍做好消毒工作。牧鸡驯化后进行放牧灭蝗。一般放鸡密度为20~50只/亩，最高不宜超过80只。每日5:00—6:00放出，10:00召回，15:00放出，天黑前召回。召回后饮水休息。也可整天放牧，早晚各给水补料1次，期间再给水2~3次	1.施药适期为3龄期至羽化前期 2.施药避免污染水源和池塘，避开开花作物的采蜜期，避开中午强光时间，在阴天、雨后或傍晚施药 3.中小型喷雾机械防治适合在地形较为复杂，虫害面积较小的区域；大型喷雾机械防治适用于虫害面积较大，地势平坦区域；大型飞机防治适用于高密度集中连片大面积区域，超过30万亩为宜 4.药剂用量根据药物说明书、当地虫害危害程度、施药方式确定 5.牧鸡释放时间最好在蝗蝻期。如果蝗虫太大，活动能力强，鸡和鸭对它的捕食效果差。牧鸡放养期间注意观察草场蝗虫密度，当蝗虫密度降至1~3头/平方米时，需及时收场。注意防护高温、天敌、暴雨及疫病对牧鸡的影响
	化学防治：喷施化学药剂。如高效氯氰菊酯、高效氯氟氰菊酯等	化学药剂一般在应急防治时使用，选择高效低毒、低风险、环境友好型的药剂。农药使用应符合《农药管理条例》和NY/T 1276—2007的规定
	物理防治：采用草原蝗虫吸捕机等	

注：喷药时，注意选择晴朗无风天气进行，喷药时应均匀周到。在施药区应插上明显的警示牌，避免造成人、畜中毒或其他意外。防除后进行防效调查。

（杨坤）

11 宽须蚁蝗
Myrmeleotettix palpalis

分布与危害 主要分布于内蒙古、甘肃、青海、新疆、河北、山西等地；主要栖息在温性草原和荒漠化草原上，喜食碱茅、针茅、早熟禾、扁穗冰草、狐茅、燕麦、小麦等，还有豆科的苜蓿、三叶草、草木樨，十字花科的油菜，菊科的蒲公英、紫菀、沙蒿以及莎草科的苔草、蒿草等。

主要形态特征 槌角蝗科蚁蝗属。雄性：体小型，体长10.5～11.0毫米，前翅长7.5～8.0毫米，后足股节长6.0～7.0毫米。头大而短，较短于前胸背板之长，其宽略大于前胸背板的宽度。头顶短，自复眼前缘至顶端的长度较短于复眼之间的宽度。头侧窝明显，狭长四角形，长约为宽的2.5倍。颜面侧观向后倾斜，颜面隆起明显，全长具纵沟，侧缘近平行，下端略宽大。下颚须端节宽大，长为宽的1.5～2倍，顶圆。复眼卵形，较大。触角细长，超过前胸背板后缘，顶端膨大。前胸背板前缘略弧形，后缘角状突出；中隆线明显，侧隆线角状内曲，侧隆线间最宽处约为最狭处的1.7倍；后横沟明显，位于中部之前，沟后区略长于沟前区。前胸背板略呈圆形隆起。后胸腹板侧叶后端明显分开。前翅发达，到达或略不到达后足股节的末端；前翅较直，缘前脉域在基部不膨大，呈狭条状，超过前翅的中部；中脉域最宽处大于肘脉域最宽处的1.5～2倍。后足股节匀称，外侧上膝片顶端圆形。后足胫节缺外端刺，外缘具刺10～11个。顶端内侧的下距略长于上距。跗节爪间中垫较大，超过爪的中部。腹部第一节背板两侧鼓膜器的鼓膜孔呈狭缝状。尾须锥形，不超过肛上板顶端。下生殖板短锥形，顶端较钝。雌性：体较雄性大，体长14.0～16.0毫米，前翅长8.0～10.0毫米，后足股节长9.0～9.5毫米。触角较短，不到达前胸背板后缘，端部膨大不明显。前胸背板最宽处为最狭处的2倍。产卵瓣粗短，

展翅图（雌性）　　背面观（雄性）　　背面观（雌性）　　侧面观（雄性）　　侧面观（雌性）

宽须蚁蝗（刘玥提供）

上产卵瓣上外缘光滑，顶端略呈钩状。下生殖板后缘中央三角形突出。体色：体黄绿、黄褐或黑褐色。前胸背板沟前区侧隆线外侧、沟后区侧隆线内侧具黑色纵条纹。前翅中脉域具有4～5个黑斑，后足股节膝部及后足胫节基部黑色。

生物学特性　一年发生1代，以卵在土中越冬。一般年份，在新疆和内蒙古地区最早孵化出现在5月中旬，孵化盛期约在5月中旬和下旬。最早羽化在6月中旬，羽化盛期在6月下旬和7月上旬。产卵初期约在6月下旬，盛期在7月。成虫可生活到8、9月份。在青海、甘肃地区，宽须蚁蝗4月中旬开始孵化，5月中下旬开始进入孵化盛期。6月中下旬开始进入羽化，经15～20天开始交配，7月中下旬进入产卵期，8月下旬开始进入产卵末期。雌蝗可产卵囊2～3块。雄性成虫交配后20天左右随即死亡，产卵后的雌虫亦可经20天左右即死亡。宽须蚁蝗多发生在高山草原、山地草原以及山间盆地（如新疆的巴里坤）和荒坡草滩（如内蒙古的武川）等植被比较稀疏而干旱的地带。

宽须蚁蝗防治历　（以内蒙古自治区为例）

时间	调查及防治方法	要点说明
6月初—8月初	生物防治： 1.药剂防治：绿僵菌、蝗虫微孢子虫可直接喷施，也可加工成饵剂撒施。阿维·苏云菌可湿性粉剂（0.18%阿维菌素和100亿活孢子/克苏云金杆菌）推荐用量为2～3克/亩。1.0%苦参碱可溶性液剂推荐用量为20～30毫升/亩。0.3%印棟素乳油推荐用量为6～10毫升/亩。1.2%烟碱·苦参碱乳油推荐用量为20～30毫升/亩。0.4%蛇床子乳油推荐用量为15～20毫升/亩 2.牧鸡治蝗：选择饲养到60～70日龄、体重达到0.3～0.5千克/只，育雏舍需做好消毒工作。牧鸡驯化后进行放牧灭蝗。一般放鸡密度为20～50只/亩，最高不宜超过80只。每日5:00—6:00放出，10:00召回，15:00放出，天黑前召回，召回后饮水休息。也可整天放养，早晚各给水补料1次，期间再给水2～3次	1.施药适期为3龄期至羽化前期 2.施药避免污染水源和池塘，避开开花作物的采蜜期，避开中午强光时间，在阴天、雨后或傍晚施药 3.中小型喷雾机械防治适合在地形较为复杂，虫害面积较小的区域；大型喷雾机械防治适用于虫害面积较大，地势平坦区域；大型飞机防治适用于高密度集中连片大面积区域，超过30万亩为宜 4.药剂用量根据药物说明书、当地虫害危害程度、施药方式确定 5.牧鸡释放时间最好在蝗蝻期。如果蝗虫太大，活动能力强，鸡和鸭对它的捕食效果差。牧鸡放养期间注意观察草场蝗虫密度，当蝗虫密度降至1～3头/平方米时，需及时倒场。注意防护高温、天敌、暴雨及疫病对牧鸡的影响
	化学防治：喷施化学药剂。如高效氯氰菊酯、高效氯氟氰菊酯等	化学药剂一般在应急防治时使用，选择高效低毒、低风险、环境友好型的药剂。农药使用应符合《农药管理条例》和NY/T 1276—2007的规定
	物理防治：采用草原蝗虫吸捕机等	

（刘玥）

12 鼓翅皱膝蝗

Angaracris barabensis

分布与危害 主要分布于黑龙江、内蒙古、河北、山西、宁夏、青海、甘肃、陕西等地的典型草原和荒漠草原。以菊科、百合科等植物为主，如冷蒿、艾蒿、双齿葱、多根葱、委陵菜等，取食量随龄期增大而增大，每头鼓翅皱膝蝗取食牧草量蝗蝻期平均约为1.5克，成虫期约为5.8克，成虫期的食量是蝗蝻期的3.9倍。

主要形态特征 斑翅蝗科皱膝蝗属。雄性：体中型，体长21.0～31.0毫米，前翅长24.0～30.0毫米，后足股节长11.0～13.5毫米。颜面垂直，头顶宽短。头侧窝三角形，触角丝状，超过前胸背板的后缘。复眼卵圆形。前胸背板中隆线明显，为后横沟深切，侧隆线在沟后区明显，其后缘呈直角形前、后翅发达，超过后足胫节中部；后翅前缘呈"S"形弯曲。后足股节粗短，上侧中隆线平滑，膝侧片顶圆形。后足胫节基部膨大部分具细横皱纹。下生殖板短锥形。后胫节内侧具刺10～12个，外侧8～9个。雌性：体较雄性个体粗壮，体长29.0～35.0毫米，前翅长23.5～29.5毫米，后足股节长13.0～16.0毫米。触角较短于头、胸长度之和。前翅伸达或略超过后足胫节中部。其他特征描记与雄性雷同。体色：呈灰绿色、

展翅图（雌性）　　雄性（背面观）　雌性（背面观）　雄性（侧面观）　雌性（侧面观）

鼓翅皱膝蝗（单艳敏提供）

棕绿色或灰棕色，具明显的黑斑。前胸背板下缘常呈白色或黄白色。后翅基部黄色或黄绿色，主要纵脉黄绿色或仅在其基部呈黄色而在端部多少呈暗色；外缘部分透明，在第一和第二翅叶端部1/3处不呈暗色或具暗斑；轫脉几乎全长暗色。后足股节基部内侧和下侧的基半部黑色，在端半部的中间具黑带；端部近于膝部处的内侧和下侧黑色；外侧具不甚明显的横带。后足胫节黄色或稍呈红色，胫节刺端部黑色。

生物学特性 一年发生1代，卵在土中越冬。5月中旬开始孵化出土，6月上旬达到出土高峰，6月下旬大部分蝗蝻进入3龄期，成虫于7月上旬开始羽化，8月上旬达到羽化高峰，8月下旬雌性开始产卵，成虫一直活动到10月份。蝗蝻期约为72天，成虫寿命54天左右。成虫飞翔时能发出噗噗的响声。喜居阳光充足的地方，最佳栖息地为退化草场。在草地上属聚集分布，蝗蝻发生期表现出扩散趋势，但初孵化出土时有短暂的聚集行为。

鼓翅皱膝蝗防治历 （以内蒙古自治区为例）

时间	防治方法	要点说明
6月初—8月初	生物防治： 1.药剂防治：绿僵菌、蝗虫微孢子虫可直接喷施，也可加工成饵剂撒施。阿维·苏云菌可湿性粉剂（0.18%阿维菌素和100亿活孢子/克苏云金杆菌）推荐用量为2～3克/亩。1.0%苦参碱可溶性液剂推荐用量为20～30毫升/亩。0.3%印楝素乳油推荐用量为6～10毫升/亩。1.2%烟碱·苦参碱乳油推荐用量为20～30毫升/亩。0.4%蛇床子乳油推荐用量为15～20毫升/亩 2.牧鸡治蝗：选择饲养到60～70日龄，体重达到0.3～0.5千克/只，育雏舍需做好消毒工作。牧鸡驯化后进行放牧灭蝗。一般放鸡密度为20～50只/亩，最高不宜超过80只。每日5：00—6：00放出，10：00召回，15：00放出，天黑前召回。召回后饮水休息。也可整天放牧，早晚各给水补料1次，期间再给水2～3次	1.施药适期为3龄期至羽化前期 2.施药避免污染水源和池塘，避开开花作物的采蜜期，避开中午强光时间，在阴天、雨后或傍晚施药 3.中小型喷雾机械防治适合在地形较为复杂、虫害面积较小的区域；大型喷雾机械防治适用于虫害面积较大，地势平坦区域；大型飞机防治适用于高密度集中连片大面积区域，超过30万亩为宜 4.药剂用量根据药物说明书、当地虫害危害程度、施药方式确定 5.牧鸡释放时间最好在蝗蝻期。如果蝗虫太大，活动能力强，鸡和鸭对它的捕食效果差。牧鸡放养期间注意观察草场蝗虫密度，当蝗虫密度降至1～3头/平方米时，需及时倒场。注意防护高温、天敌、暴雨及疫病对牧鸡的影响
	化学防治：喷施化学药剂。如高效氯氰菊酯、高效氯氟氰菊酯等	化学药剂一般在应急防治时使用，选择高效低毒、低风险、环境友好型的药剂。农药使用应符合《农药管理条例》和NY/T 1276的规定
	物理防治：采用草原蝗虫吸捕机等	

（季彦华）

13 红翅皱膝蝗

Angaracris rhodopa

分布与危害 主要分布在黑龙江、内蒙古、河北、宁夏、甘肃、青海等地。广布于典型草原和荒漠草原,取食量随龄期增大而增大,蝗蝻期平均日食量约1.62克,成虫期约为5.2克。危害菊科、百合科、蔷薇科植物,冷蒿、艾蒿、多根葱等。

主要形态特征 斑翅蝗科皱膝蝗属。雄性:体中型,体长23.0～29.0毫米,前翅长29.0～31.0毫米,后足股节长13.0～13.5毫米。颜面垂直,颜面隆起宽,具宽浅的纵沟,侧缘隆线明显呈弧形。头侧窝明显,三角形。头顶宽平,倾斜,与颜面隆起形成圆形。触角丝状,细长,伸达或超过前胸背板后缘,中段一节的长为宽的2.4倍。复眼卵圆形,纵径为横径的1.2～1.4倍,为眼下沟长度的1.3倍,前胸背板前端较狭,后部较宽;中隆线明显,被2条横沟切断;侧隆线在沟后区明显,沟前

展翅图(雌性)　雌性(背面观)　雄性(背面观)

雌性(背面观)　雄性(背面观)

红翅皱膝蝗(内蒙古林草防治检疫站提供)

区为横沟切割呈断续粒状;上侧表面具粗糙粒状突起和不规则的短隆线;前缘较平,中部较宽,后缘直角形;侧片高大于长,其下缘前、后均圆形。中胸腹板侧叶间中隔较宽,其宽大于长度。后胸腹板侧叶较宽地分开。前翅较长,常伸达后足胫节顶端,中脉域狭于肘脉域的2.4倍,中闰脉粗而隆起并近于中脉。后翅略短于前翅,前缘呈"S"形弯曲,第二翅叶第一纵脉较粗。后足股节粗短,长为宽的3.4～3.5倍,上侧中隆线平滑,膝侧片顶端圆形。后足胫节基部膨大部分背侧具平行细横隆线,胫节外侧具刺9个,内侧11～13个,无外端刺。跗节爪间中垫短,刚到达爪之中部。鼓膜孔卵圆形,鼓膜片较小,狭长形。肛上板三角形,顶尖。尾须长柱状,超过肛上板顶端,顶圆。下生殖板后缘中央三角形突出。雌性:体较雄性粗壮,体长28.0～32.0毫米,前翅长25.0～31.0毫米,后足股节长14.0～16.5毫米。触角较短于头、胸长度之和。前翅较短,仅伸达或略超过后足胫节中部。产卵瓣长度适中,上产卵瓣之上外缘具不规则的钝齿。体色:浅绿或黄褐色,上具细碎褐色斑点。绿色个体的头、胸及前翅均为绿色,腹部褐色。后足股节外侧黄绿色,具不太明显的3个暗色横斑,内侧橙红,具黑色斑2个,近端部具一黄色膝前环;外侧上膝侧片褐色,内侧黑色。后足胫节橙红

色或黄色。前翅具密而细碎的褐色斑点。后翅基部玫瑰红色，透明；第二翅叶的第一纵脉粗、黑，轭咏红色。

生物学特性 一年发生1代，以卵在土壤中越冬。正常年分孵化初期出现在4月25日前后，孵化盛期在5月上旬末。在晴天，一日中蝗卵的孵化量以10：00—14：00最多，其余时间孵化得很少，阴雨天未见有孵化的。1龄蝻主要趴在地面上或植株枝叶上晒体，很少取食。10天之后进入3龄被期，5月下旬出现3龄盛期。3龄期蝗蝻生长速度快，体型明显增大，活动能力强，取食量大，开始向四周扩散。红胫戟纹蝗主要取食禾本科及莎草科的植物。如猪毛菜、针茅、刺蓬、沙葱等。红胫戟纹蝗雄性4龄，雌性5龄。羽化初期在5月下旬末至6月初。羽化盛期出现在6月10日前后。6月中下旬为交尾、产卵盛期。这一阶段是红翅皱膝蝗成虫危害最严重的时期，特别是农牧交错地带，麦田受害率达70%～80%。如遇干旱少雨年份，牧草植被的受害程度尤为明显，草场呈一片枯黄色。成虫喜欢在植被较稀疏土质较板结的地段产卵，或在撂荒地的土埂上产卵。

红翅皱膝蝗防治历 （以内蒙古自治区为例）

时间	防治方法	要点说明
6月初—8月初	生物防治： 1.药剂防治：绿僵菌、蝗虫微孢子虫可直接喷施，也可加工成饵剂撒施。阿维·苏云菌可湿性粉剂（0.18%阿维菌素和100亿活孢子/克苏云金杆菌）推荐用量为2～3克/亩。1.0%苦参碱可溶性液剂推荐用量为20～30毫升/亩。0.3%印棟素乳油推荐用量为6～10毫升/亩。1.2%烟碱·苦参碱乳油推荐用量为20～30毫升/亩。0.4%蛇床子乳油推荐用量为15～20毫升/亩 2.牧鸡治蝗：选择饲养到60～70日龄、体重达到0.3～0.5千克/只，育雏备需做好消毒工作。牧鸡驯化后进行放牧灭蝗。一般放鸡密度为20～50只/亩，最高不宜超过80只。每日5：00—6：00放出，10：00召回，15：00放出，天黑前召回。召回后饮水休息。也可整天放牧，早晚各给水补料1次，期间再给水2～3次	1.施药适期为3龄期至羽化前期 2.施药避免污染水源和池塘，避开开花作物的采蜜期，避开中午强光时间，在阴天、雨后或傍晚施药 3.中小型喷雾机械防治适合在地形较为复杂，虫害面积较小的区域；大型喷雾机械防治适用于虫害面积较大，地势平坦区域；大型飞机防治适用于高密度集中连片大面积区域，超过30万亩为宜 4.药剂用量根据药物说明书、当地虫害危害程度、施药方式确定 5.牧鸡释放时间最好在蝗蝻期。如果蝗虫太大，活动能力强，鸡和鸭对它的捕食效果差。牧鸡放养期间注意观察草场蝗虫密度，当蝗虫密度降至1～3头/平方米时，需及时倒场。注意防护高温、天敌、暴雨及疫病对牧鸡的影响
	化学防治：喷施化学药剂。如高效氯氰菊酯、高效氯氟氰菊酯等	化学药剂一般在应急防治时使用，选择高效低毒、低风险、环境友好型的药剂。农药使用应符合《农药管理条例》和NY/T 1276—2007的规定
	物理防治：采用草原蝗虫吸捕机等	

（季彦华，杨坤）

14 大垫尖翅蝗
Epacromius coerulipes

分布与危害 主要分布于黑龙江、吉林、辽宁、河北、河南、内蒙古、新疆、宁夏、青海、陕西、山东、山西、安徽、甘肃、江苏等地。喜食禾本科、豆科、菊科、藜科、蓼科等牧草，是河、湖沿岸湿地及盐碱荒地的重要害虫。还危害小麦、玉米、高粱、谷子、豆类和苜蓿等。

主要形态特征 斑翅蝗科尖翅蝗属。雄性体中小型，匀称，体长13.7～15.6毫米，前翅长13.1～16.5毫米，后足股节长8.4～9.9毫米。头较大，高于前胸背板，但短于前胸背板。顶较宽，略向前倾斜，中央低凹，侧缘隆线明显。侧窝三角形。颜面侧观向后倾斜，颜面隆起较宽，

大垫尖翅蝗（内蒙古林草防治检疫站提供）

侧缘隆线明显。单眼附近具短纵沟，下部逐渐宽平。眼较大，突出，卵圆形，垂直直径为水平直径的1.6倍。触角丝状，超过前胸背板后缘，中段一节长为宽的1.5～1.75倍。前胸背板低平，前缘较直，后缘钝角突出；中隆线较低，沟后区较沟前区明显侧隆线；三条横沟明显，仅后横沟切断中隆线；沟前区较狭于沟后区，沟后区长约为沟前区的1.5倍，前胸腹板略隆起。中胸腹板侧叶间中隔长略大于最狭处，后胸腹板侧叶全长彼此分开。前翅发达，到达后足胫节中部，中脉域具中闰脉，中闰脉位于中脉域的中部，末端略靠近中脉，后翅发达，略短于前翅。后足股节匀称，长约为宽的4倍；外侧上基片投于下基片；上侧中隆线光滑无齿；下膝侧片下缘平直，顶端圆形。后足胫节缺外端刺，内缘具刺10～11个，外缘具刺9～10个。跗节爪间中垫较长，超过爪的中部。鼓膜孔近圆形，鼓膜较大。肛上板近宽菱形，侧缘中间向内具隆线，左右两隆线间不连接；顶端中央具较深的纵沟。尾须长圆筒形，超过肛上板的顶端。下生殖板短舌状。雌性：体较大，体长20.0～24.7毫米，前翅长17.5～26.4毫米，后足股节长11.2～14.8毫米。头部侧观略倾斜。颜面隆起较雄性宽平。胸腹板侧叶间中隔长宽近于相等。前翅发达，中闰脉明显。尾须较短，锥形，不到达肛上板的端部，产卵瓣粗短，上产卵瓣外缘光滑，端部呈沟状。体色：暗褐、褐、黄褐或黄绿色。前胸背板背面中央常具红褐色或暗褐色纵纹，有的个体背面具有不明显的"X"形纹。前翅具有大小不等褐色、白色斑点。后翅本色透明。后足股节顶端黑褐色，上侧中隆线和内侧下

隆线间具3个黑色横斑，中间的一个最大，基部一个最小。外侧下隆线上4～5个小黑斑点。底侧玫瑰色，后足胫节淡黄色，基部、中部和端部各具一黑褐色环纹。

生物学特性　在中国西北部、内蒙古、黑龙江、山西北部等地区每年发生1代；北京、山东渤海湾地区，小部分发生2代；山东西部及较南地区每年发生2代。均以卵在土中越冬。最早孵化出现在7月上旬，孵化盛期在7月下旬或8月初，孵化末期在8月中旬。一般成虫最早羽化期为7月下旬，羽化盛期在9月上中旬；产卵期在8月初，盛期在9月中下旬，产卵末期可延续到10月初。在发生2代地区，第一代于5月上旬孵化，5月下旬至6月上旬羽化为成虫，6月中下旬交配产卵。第二代于7月上旬开始孵化，7月下旬至8月上旬羽化为成虫，9月份交配产卵。成虫在一天当中均能取食。常选择在植物覆盖度较低的地段交配。雌虫喜在地势较高，避风向阳的凹地、沟边、阳坡渠边等处产卵。成虫善飞能跳，利于迁徙觅食和逃避天敌。易在土壤潮湿、地面反碱、植被稀疏的环境中发生。

大垫尖翅蝗防治历
（以辽宁省为例）

时间	防治方法	要点说明
4—7月	生态防治：通过封山禁牧、围封补播优良牧草等生态措施，改善生态环境，加大植被盖度，从根本上破坏大垫尖翅蝗喜欢的稀疏植被的生境条件	
	生物防治： 1.利用牧鸡牧鸭灭蝗。6月份雏鸡达到60～70日龄时，将调训好的鸡群（鸭群）运至蝗害区，一天早晚2次出牧（8：00，18：00）捕食蝗蝻。 2.生物药剂防治：如25亿孢子/克绿僵菌粉剂、2%阿维·苏云金杆菌可湿性粉剂、1.2%烟碱·苦参碱乳油、0.3%印楝素乳油、微孢子虫悬浮剂、100亿孢子/毫升短稳杆菌悬浮剂等。 3.保护利用天敌：大垫尖翅蝗卵期天敌有卵寄生蜂、中国雏蜂虻、豆芫菁幼虫，蝗蝻和成虫期天敌有蜘蛛类、蚂蚁类、螳螂类、蛙类和鸟类	生物药剂防治的最佳时期一般在2～3龄蝗蝻期
	化学防治：一般应急使用。草原蝗虫化学防治使用的药品主要是菊酯类农药，如4.5%高效氯氰菊酯乳油、25%溴氰菊酯乳油、40%氰戊·马拉松乳油等	化学药剂一般在蝗虫突发或密度较大时应用。化学农药也应选择高效低毒、低风险、环境友好型的药剂

注：注意保护和招引鸟类、蛙类、壁虎、禽类、昆虫（蚁类、蜂虻类、虎甲、步甲、螳螂、芫菁类等）等天敌。

（王坤芳，王文成）

15 甘蒙尖翅蝗

Epacromius tergestinus subsp. *extimus*

分布与危害 主要分布于内蒙古、北京、青海、陕西、甘肃、宁夏、河北等地。喜栖息在滨湖洼地，草原、荒地和农田周围。主要危害禾本科、莎草科、豆科牧草，以及玉米、高粱等。

主要形态特征 斑翅蝗科尖翅蝗属。雄性：体中小型，匀称，体长15.9～16.3毫米，前翅长14.9～15.6毫米，后足股节长9.1～9.4毫米。头小，高于前胸背板。头顶向前倾斜，侧缘隆线明显，两侧隆间低凹。头侧窝三角形。颜面侧观略倾斜，颜面隆起较宽，中单眼处低凹，侧缘隆线尚明显。复眼卵圆形，其垂直直径为水平直径的1.38倍。触角丝状，超过前胸背板的后缘，中段一节之长为宽的2.25倍。前胸背板前缘较平直，后缘呈钝角形突出；中隆线低，沟后区较沟前区的中隆线明显。缺侧隆线，三条横沟明显，仅后横沟切断中隆线。沟前区较沟后区狭，沟后区为沟前区长的1.4～1.5倍。前胸腹板略呈圆形隆起。中胸腹板侧叶间中隔的长为最狭处的1.4倍。后胸腹板侧叶全长彼此分开。前、后翅均发达，到达或不到达后足胫节的中部。中脉域具中闰脉，中闰脉基部靠近肘脉，端部靠近中脉。后足股节匀称，外侧上基片长于下基片，上侧中隆线光滑无齿。后足胫节缺外端刺，内缘具刺11个，外缘具刺9～10个。后足跗节第三节与第一节等长。跗节爪间中垫短，狭小。尾须圆筒形，

甘蒙尖翅蝗（单艳敏提供）
展翅图（雌性）　背面观（雄性）　侧面观（雄性）　背面观（雌性）　侧面观（雌性）

超过肛上板的端部。下生殖板较短,末端部分较厚,顶端狭圆形,侧观向后直伸。雌性:体较雄性大,体长24.4～28.5毫米,前翅长22.1～25.1毫米,后足股节长11.2～13.4毫米。触角仅到达或不到达前胸背板的后缘。前翅中脉域具发达的中闰脉。中胸腹板侧叶间中隔之长与其最狭处近相等。后胸腹板之侧叶较宽的分开。尾须较短,不到达肛上板的端部。下生殖板末端中间呈三角形突出。产卵瓣粗短,顶端略呈钩状,边缘光滑无齿。体色:体暗褐、黄褐或绿褐色。复眼之后具黑色纵条纹。前翅具暗色或淡色斑点。后足股节顶端暗色;内侧上隆线与下隆线之间具2个黑色斑纹;外侧上隆线与下隆线上分别有距离不等的4～6个黑色斑点,尤其下隆线更为明显。后足胫节淡黄或淡绿色,基部、中部及端部具黑环。

生物学特性 一年发生1代,以卵在土中越冬。一般孵化初期在6月中下旬,盛期在7月,羽化盛期在8月下旬,7月上旬可见到成虫,8月为成虫盛发期,9月上中旬为产卵期。成虫飞行能力弱。

甘蒙尖翅蝗防治历 (以内蒙古自治区为例)

时间	防治方法	要点说明
6月初—8月初	生物防治: 1.药剂防治:绿僵菌、蝗虫微孢子虫可直接喷施,也可加工成饵剂撒施。阿维·苏云菌可湿性粉剂(0.18%阿维菌素和100亿活孢子/克苏云金杆菌)推荐用量为2～3克/亩。1.0%苦参碱可溶性液剂推荐用量为20～30毫升/亩。0.3%印楝素乳油推荐用量为6～10毫升/亩。1.2%烟碱·苦参碱乳油推荐用量为20～30毫升/亩。0.4%蛇床子乳油推荐用量为15～20毫升/亩 2.牧鸡治蝗:选择饲养到60～70日龄、体重达到0.3～0.5千克/只,育雏舍需做好消毒工作。牧鸡驯化后进行放牧灭蝗。一般放鸡密度为20～50只/亩,最高不宜超过80只。每日5:00—6:00放出,10:00召回,15:00放出,天黑前召回,召回后饮水休息。也可整天放牧,早晚各给水补料1次,期间再给水2～3次	1.施药适期为3龄期至羽化前期 2.施药避免污染水源和池塘,避开开花作物的采蜜期,避开中午强光时间,在阴天、雨后或傍晚施药 3.中小型喷雾机械防治适合在地形较为复杂,虫害面积较小的区域;大型喷雾机械防治适用于虫害面积较大,地势平坦区域;大型飞机防治适用于高密度集中连片大面积区域,超过30万亩为宜 4.药剂用量根据药物说明书、当地虫害危害程度、施药方式确定 5.牧鸡释放时间最好在蝗蝻期。如果蝗虫太大,活动能力强,鸡和鸭对它的捕食效果差。牧鸡放养期间注意观察草场蝗虫密度,当蝗虫密度降至1～3头/平方米时,需及时倒场。注意防护高温、天敌、暴雨及疫病对牧鸡的影响
	化学防治:喷施化学药剂。如高效氯氰菊酯、高效氯氟氰菊酯等	化学药剂一般在应急防治时使用,选择高效低毒、低风险、环境友好型的药剂。农药使用应符合《农药管理条例》和NY/T 1276—2007的规定
	物理防治:采用草原蝗虫吸捕机等	

(单艳敏)

16 东亚飞蝗
Locusta migratoria subsp. *manilensis*

分布与危害 主要分布于河北、山西、陕西、福建、广东、海南、广西、云南、四川、甘肃等地。主要喜食禾本科及莎草科等作物及杂草，成、若虫咬食叶片和嫩茎，大发生时成群迁飞，植物茎叶全部食光，导致颗粒无收。中国史籍中的蝗灾，主要是东亚飞蝗，先后发生过800多次。主要危害粟、芦苇、稗、荻等多种禾本科及莎草科植物。

主要形态特征 斑翅蝗科飞蝗属。雄性：体中大型，体长32.4～48.1毫米，前翅长34.0～43.8毫米，后足股节长19.2～28.2毫米。颜面垂直或微倾斜，侧缘几乎平行。头侧窝缺。触角丝状，刚超过前胸背板缘。复眼长卵形。前胸背板中隆线由侧面观呈弧形（散居型）或平直或中部略凹（群居型），后缘直角形或锐角形（散居型）或钝角形（群居型）；后横沟切断中隆线，沟前区略短于沟后区。前胸腹板平坦，中胸腹板中隔较长略大于宽。前后翅均发达，前翅明显超过后足胫节中部，中脉域的中闰脉接近肘脉。后翅略短于前翅。鼓膜器发达，鼓膜片覆盖鼓膜孔的1/2以上。后足股节匀称，长为最大宽的4倍多。后足胫节内侧具刺11～12个，外侧具刺11个，缺外端刺。跗节爪间中垫略不到达爪之中部。下生殖板短锥形，顶端略细。雌性：体较雄性粗壮，体长38.6～52.8毫米，前翅长44.5～55.9毫米，后足股节长22.0～30.0毫米。颜面垂直，产卵瓣粗短，顶端略呈钩状，边缘光滑无细齿。其余相似于雄性。体色：绿色、前胸背板中隆线两侧无黑色纵条纹（散居型），体黄褐色或暗褐色、前胸背板中隆线两侧具丝绒状黑色纵条纹（群居型）。前翅褐色，具许多暗色（黑褐色）斑点。后翅本色透明，基部略具淡黄色，后足股节上侧具2个暗色横斑或不明显，内侧基部之半黑色，内侧下隆线与下隆线之间在其全长近1/2处非皆为黑色。后足胫节

东亚飞蝗（王俊平提供）

东亚飞蝗成虫（王海明提供）

东亚飞蝗成虫（石东文提供）

橘红色。

生物学特性　无滞育现象，全国各地均以卵在土中越冬。成虫产卵多选择植被稀疏，覆盖度在25%～50%，土壤含水量在10%～22%，且土壤结构较坚硬的向阳地。每雌产4～5个卵块，每块平均含卵约65粒。飞蝗取食与气候和虫龄有关，虫龄越大食量越多，成虫期食量最大，几乎全天取食，尤以交配前期最显著。东亚飞蝗有群集迁飞习性，2龄后喜欢在裸地或稀草地，由小群汇成大群，最后向着与阳光垂直的方向迁移，群居型成虫迁飞多发生在羽化后5～10天的性成熟前期。飞蝗受种群密度和生态条件影响，会发生习性、生理机能和形态的变化，经1～2次蜕皮，形成群居型和散居型。在两代间甚至同一代的不同虫期间，可进行两型转变，通常群居型产卵少，散居型则相反。

东亚飞蝗防治历　（以北京以北地区为例）

时间	防治方法	要点说明
4月	生态防治：根据当地优势种进行草地补播，增加植被盖度达70%以上	增加植被盖度，减少东亚飞蝗产卵地
4月底—5月上旬，7月中上旬—8月	化学防治：喷施化学药剂。如高效氯氰菊酯、高效氯氟氰菊酯等	1.飞防与地面防治相结合 2.适用于应急防治 3.飞防应在晴天微风条件下进行
	生物防治：可选用绿僵菌、苦参碱等生物农药	
全年	天敌防治：利用鸟类、蛙类及步甲、芫菁、寄生蜂等捕食性和寄生性天敌昆虫	1.天敌防治区域内严禁施用化学农药 2.通过种植蜜源植物，可以招引芫菁、中华雏蜂虻等天敌

注：东亚飞蝗的治理应"改""治"结合，因地制宜改变蝗虫发生地的环境，破坏其适生条件；抓住卵孵化出土盛期至3龄前的防治适期，狠治夏蝗，扫清残蝗。

（周长梅）

17 亚洲飞蝗

Locusta migratoria subsp. *migratoria*

分布与危害 主要分布在新疆、内蒙古、青海、甘肃等地，其分布区海拔高度一般在200～1000米，最高达2500米，最低达-154米（新疆吐鲁番的艾丁湖湖畔）。亚洲飞蝗主要以禾本科和莎草科的作物为食，喜食芦苇、稗、玉米、小麦等，多发生在生长芦苇的沼泽地带。亚洲飞蝗是重要农牧业害虫，也是历史性害虫，常聚集、迁飞危害。从20世纪末至21世纪初期，亚洲飞蝗危害呈现上升趋势。

主要形态特征 斑翅蝗科飞蝗属。雄性：体大形，体长36.1～46.4毫米，前翅长39.0～51.6毫米，后足股节长20.9～26.1毫米。头大而短，较短于前胸背板。颜面微倾斜，颜面隆起宽平，中眼处略凹，侧缘钝，近乎平行。头顶宽短，侧缘隆线明显，中隆线较不明显，前缘缺隆线，同颜面隆起相连，圆形。头侧窝缺。触角丝状，刚到达前胸背板后缘。复眼卵形，纵径大于横径。前胸背板后缘直角形或锐角形散居型或钝角形（群居型），中隆线由侧面观呈弧形隆起（散居型）或平直或中部略凹（群居型）；后横沟切断中隆线，沟后区略长于沟前区；侧隆线在沟后区略留痕迹，几乎不见。前胸腹板平坦。中胸腹板中隔较长略大于宽。前、后翅均发达，明显超过后足胫节的中部，中脉域的中闰脉接近肘脉，其上具发音齿。后翅略短于前翅。鼓膜器发达，鼓膜片覆盖孔的1/2以上。后足股节匀称，长为最大宽的4.4倍，上基片长于下基片，上侧中隆线

亚洲飞蝗（吴建国提供）

亚洲飞蝗（吴建国提供）

具细齿。后足胫节内侧具刺11～12个，外侧具刺11个，缺外端刺。跗节爪间中垫略不到达爪之中部。下生殖板短锥形，顶端略细。雌性：体大粗壮，体长43.8～56.5毫米，前翅长48.5～60.3毫米，后足股节长24.1～31.8毫米。颜面垂直。产卵瓣粗短，边缘光滑无齿，

其余相似于雄性。体色：绿色（散居型）或黑褐色（群居型），前胸背板中隆线两侧无黑色纵条纹，常为绿色、褐色或灰黑色（散居型）；或前胸背板中隆线两侧具丝绒状黑色纵条纹（群居型）。前翅具暗色斑纹。后翅本色透明，基部略染淡黄色，无暗色斑纹。后足股节内侧黑色，近端部处具完整淡色斑纹，近中部具一不完整的淡色斑，底侧蓝色，后足径节浅红色。

生物学特性　在新疆博斯腾湖蝗区和北疆准噶尔盆地边缘蝗区亚洲飞蝗每年发生1代，哈密、吐鲁番盆地每年发生2代。亚洲飞蝗蝗卵孵化期，随年份和地点等环境条件的变化而有较大差异。亚洲飞蝗的适生环境为土壤含盐量低，pH值7.5～8.0的湖滨滩地。在适宜飞蝗发生的气候、水文、土质、地形、植被等因子综合作用下，形成了各种蝗区。繁殖力强，一头雌虫一生可产卵300～400粒。种群数量增长很快，因此易暴发成灾。亚洲飞蝗成虫具有远距离迁飞的习性，能跨地区乃至跨国迁飞扩散，导致其扩散区当年或次年飞蝗灾害的暴发。

亚洲飞蝗防治历　（以新疆维吾尔自治区为例）

时间	防治方法	要点说明
6月初—8月初	生物防治： 1.药剂防治：绿僵菌、蝗虫微孢子虫可直接喷施，也可加工成饵剂撒施。阿维·苏云菌可湿性粉剂（0.18%阿维菌素和100亿活孢子/克苏云金杆菌）推荐用量为2～3克/亩。1.0%苦参碱可溶性液剂推荐用量为20～30毫升/亩。0.3%印楝素乳油推荐用量为6～10毫升/亩。1.2%烟碱·苦参碱乳油推荐用量为20～30毫升/亩。0.4%蛇床子乳油推荐用量为15～20毫升/亩。 2.牧鸡治蝗：选择饲养到60～70日龄，体重达到0.3～0.5千克/只，育雏舍需做好消毒工作。牧鸡驯化后进行放牧灭蝗。一般放鸡密度为20～50只/亩，最高不宜超过80只。每日5:00—6:00放出，10:00召回，15:00放出，天黑前召回，召回后饮水休息。也可整天放牧，早晚各给水补料1次，期间再给水2～3次	1.施药适期为3龄期至羽化前期。 2.施药避免污染水源和池塘，避开开花作物的采蜜期，避开中午强光时间，在阴天、雨后或傍晚施药。 3.中小型喷雾机械防治适合在地形较为复杂，虫害面积较小的区域；大型喷雾机械防治适用于虫害面积较大，地势平坦区域；大型飞机防治适用于高密度集中连片大面积区域，超过30万亩为宜。 4.药剂用量根据药物说明书、当地虫害危害程度、施药方式确定。 5.牧鸡释放时间最好在蝗蝻期。如果蝗虫太大，活动能力强，鸡和鸭对它的捕食效果差。牧鸡放养期间注意观察草场蝗虫密度，当蝗虫密度降至1～3头/平方米时，需及时倒场。注意防护高温、天敌、暴雨及疫病对牧鸡的影响
	化学防治：喷施化学药剂。如高效氯氰菊酯、高效氯氟氰菊酯等	化学药剂一般在应急防治时使用，选择高效低毒、低风险、环境友好型的药剂。农药使用应符合《农药管理条例》和NY/T 1276—2007的规定
	物理防治：采用草原蝗虫吸捕机等	

（吴建国，李璇）

18 西藏飞蝗
Locusta migratoria subsp. *tibetensis*

分布与危害 主要分布于西藏自治区雅鲁藏布江流域的日喀则市拉孜县、南木林县、江孜县、山南市乃东区、扎囊县、桑日县等，阿里地区孔雀河、狮泉河、象泉河流域的噶尔县、日土县、札达县、普兰县等，昌都市横断山谷区域的卡若区、江达县、贡觉县、左贡县、芒康县等，林芝市波密县、察隅县、工布江达县，日喀则吉隆县、聂拉木县、四川省甘孜州和阿坝州、青海囊谦等地区。西藏飞蝗是植食性昆虫，属多食性，主要取食禾本科作物和杂草。西藏飞蝗在西藏常年发生6.67万公顷以上，麦类作物及牧草从苗期到收获期均受其害，一般年份粮草损失率在5%～28%。危害严重年份，平均虫口密度达到400头/平方米，最高达到1200头/平方米。

主要形态特征 斑翅蝗科飞蝗属。雄性体形较大，体长25.2～32.8毫米，前翅长28.4～35.6毫米，后足股节长15.2～19.3毫米。头较短于前胸背板，侧缘隆线明显，前缘无隆线，顶端和颜面隆起的上端相连接。头侧窝消失。触角丝状，24～26节，超过前胸背板的后缘。复眼卵形。前胸背板中隆线明显隆起，侧面观微呈弧形；侧隆线在沟前区消失，在沟后区略可见，后横沟切断中隆线，沟后区略长于沟前区；前缘中部略向前突出，后缘呈直角形，顶端较圆。前胸背板平坦。中胸腹板侧叶间的中隔长较大于宽。前、

西藏飞蝗（周俗、杨廷勇、谢红旗、王钰提供）

后翅均发达，超过后足胫节的中部。足股节匀称，上基片长于下基片，上侧中隆线具细齿，后足肢节内侧具刺9～12个，外侧具刺9～14个，缺外端刺。跗节爪间中垫较短，略不到爪之中部。雌性：较大而粗壮，体长38.0～52.0毫米，前翅长40.0～46.9毫米，后足股节长21.6～25.5毫米。颜面垂直。产卵瓣粗短，顶端略呈钩状，边缘光滑无细齿。其余相似于雄性。体色：黄褐色，有时带绿色。复眼后方有一条较狭的黄色纵纹，其上下常有褐色条纹相镶。前胸背板中隆线两侧常有暗色纵条纹，侧片中部常具暗斑。前翅散布明显的暗色斑纹。

后翅本色透明，基部略染浅黄色，无暗色斑纹。后足股节内侧黑色，近端部处有一完整的淡色斑纹，近中部处在下隆线之上具一淡色斑，后足股节内侧下隆线与下隆线之间在其全长近1/2处皆为黑色。后足胫节橘红色。

生物学特性　每年发生1代，某些地区发生不完整2代。以卵在土壤中越冬。蝗蝻一生要蜕皮4次。蝗蝻羽化一周后开始交配，雌虫也能进行孤雌生殖。具有较强的跳跃和飞翔能力，在较大密度时，就会出现群体飞翔（即迁移或迁飞）现象。西藏大部分农业区和部分牧业区都适宜西藏飞蝗栖息、繁育，因此易造成危害。

西藏飞蝗防治历　　（以四川省为例）

时间	防治方法	要点说明
3—5月	物理防治：对西藏飞蝗越冬地区土地进行翻耕，使卵暴露在不适宜的环境中，降低蝗蝻出土率，减少西藏飞蝗种群数量	西藏飞蝗多产卵于植被盖度30%以下的针茅草场为主的生态环境中，土质较紧密、向阳山坡、山脚和路边，草丛基部偏南方向，灌木草丛的偏南方向
5—8月	生物防治： 1.药剂防治：绿僵菌、蝗虫微孢子虫可直接喷施，也可加工成饵剂撒施。阿维·苏云菌可湿性粉剂（0.18%阿维菌素和100亿活孢子/克苏云金杆菌）推荐用量为2～3克/亩。1.0%苦参碱可溶性液剂推荐用量为20～30毫升/亩。0.3%印楝素乳油推荐用量为6～10毫升/亩。1.2%烟碱·苦参碱乳油推荐用量为20～30毫升/亩。0.4%蛇床子乳油推荐用量为15～20毫升/亩 2.牧鸡治蝗：选择饲养到60～70日龄、体重达到0.3～0.5千克/只，育雏舍需做好消毒工作。牧鸡驯化后进行放牧灭蝗。一般放鸡密度为20～50只/亩，最高不宜超过80只。每日5：00—6：00放出，10：00召回，15：00放出，天黑前召回，召回后饮水休息。也可整天放牧，早晚各给水补料1次，期间再给水2～3次	1.施药适期为3龄期至羽化前期 2.施药避免污染水源和池塘，避开开花作物的采蜜期，避开中午强光时间，在阴天、雨后或傍晚施药 3.中小型喷雾机械防治适合在地形较为复杂、虫害面积较小的区域；大型喷雾机械防治适用于虫害面积较大，地势平坦区域；大型飞机防治适用于高密度集中连片大面积区域，超过30万亩为宜 4.药剂用量根据药物说明书、当地虫害危害程度、施药方式确定 5.牧鸡释放时间最好在蝗蝻期。如果蝗虫太大，活动能力强，鸡和鸭对它的捕食效果差。牧鸡放养期间注意观察草场蝗虫密度，当蝗虫密度降至1～3头/平方米时，需及时倒场。注意防护高温、天敌、暴雨及疫病对牧鸡的影响
	化学防治：喷施化学药剂，如高效氯氰菊酯、高效氯氟氰菊酯等	化学药剂一般在应急防治时使用，选择高效低毒、低风险、环境友好型的药剂。农药使用应符合《农药管理条例》和NY/T 1276—2007的规定
	物理防治：采用草原蝗虫吸捕机等	

（杨廷勇，周俗，谢红旗，王钰）

19 亚洲小车蝗
Oedaleus decorus subsp. *asiaticus*

分布与危害 主要分布于内蒙古、宁夏、甘肃、青海、河北、陕西、黑龙江、吉林和辽宁等地，是中国北方草原和农牧交错带重要害虫。亚洲小车蝗食性很杂，主要危害莜麦、小麦、玉米、豆类、蔬菜、人工播种牧草等多种作物。严重危害时可导致受害作物减产50%以上，不仅造成牧草产量的损失，同时加重了对草原和农田生态系统的破坏。

主要形态特征 斑翅蝗科小车蝗属。雄性：体中型偏小，体长18.5～22.5毫米，前翅长19.5～24.0毫米，后足股节12.0～13.5毫米。头短于前胸背板。头顶顶端略倾斜，侧缘隆线明显；中隆线略可见，颜面近乎垂直，仅在中眼处略凹。头侧窝较明显，三角形。复眼卵触角丝状，超过前胸背板后缘，其中段一节的长度为宽度的1.5～1.8倍。前胸背板中部明显缩狭，前缘较平直，后缘较圆弧形；中隆线较高。中胸腹板

亚洲小车蝗群居型成虫（高书晶提供）

侧叶间中隔的最狭处宽度等于长。前、后翅发达，超过后足股节的顶端，其前翅超出部分的长度约为后足股节长的1/3，前翅全长为前胸背板长的5.4～5.5倍；前翅中闰脉位于中脉和肘脉之间，中闰脉上具发达的发音齿，前、后翅的端部具弱的发音齿；后翅略短于前翅。后足股节较粗壮，长为最宽处的4.1～4.5倍，上基片长于下基片；上侧中隆线平滑，缺细齿。后足胫节上侧内缘具刺11～13个，外缘具刺10～13个，缺外端刺。跗节爪间中垫略超过爪之中部。雌性：体较大而粗壮，体长28.1～37.0毫米，前翅长29.5～34.0毫米，后足股节17.0～19.5毫米。体色：体常黄绿色，有些类型暗褐色或在颜面、颊、前胸背板、前翅基部及后足股节处带绿斑。前胸背板"X"形淡色纹明显，在沟前区几等宽于沟后区，前端的条纹侧面观微向下倾斜。前翅基部具大块黑斑2～3个，端部具细碎不明显的褐色斑。后翅基部淡黄绿色，中部具较狭的暗色横带，且在第一臀脉处较狭的断裂，横带距翅外缘较远，远不到达后缘；端部有数块较不明显的淡褐色斑块。后足股节顶端黑色，上侧和内侧具3个黑斑。后足胫节红色，基部淡黄褐色环不明显，在背侧常混杂红色。

生物学特性 每年发生1代，以卵在土壤中越冬。5月中下旬越冬卵开始孵化，6月中下旬为蝗蝻3龄高峰期，第五次蜕皮后，7月上中旬为成虫羽化盛期，7月中下旬为成虫盛期，7月下旬至8月上旬开始产卵。亚洲小车蝗为地栖性蝗虫。适生于板结的砂质土，植被稀疏、地面裸露的向阳坡地和丘陵等地面温度较高的环境，有明显的向热性。每天中午为活动高峰，阴雨、大风天不活动。成虫有趋光性，且雌虫比雄虫强。在草场缺乏食料时，蝗蝻和成虫可集体向邻近的农田迁移危害。

亚洲小车蝗防治历 （以内蒙古自治区为例）

时间	防治方法	要点说明
6月上旬—7月中旬	生物防治（生物农药）：2～3龄蝗蝻是最佳防治阶段，范围发生可喷施一定浓度苦参碱、印楝素等植物源农药进行防治，也可通过投放蝗虫微孢子虫、绿僵菌等制剂进行生物防治	在使用化学农药时要避开天敌发生期或发生地点，并且使用选择性高的农药，确保只对蝗虫有杀伤作用，而对天敌无杀伤作用。在草原、荒地饲养鸡或鸭，捕食蝗虫，释放时间最好在蝗蝻期。如果太大，蝗虫活动能力强，鸡和鸭对它的捕食效果差。虫害大发生时可采用生物防治和化学防治结合高效氯氰菊酯配合杀蝗绿僵菌防治；杀蝗绿僵菌配合苦参碱进行防治
	生物防治（天敌防治）：投放牧鸡、牧鸭、寄生蝇和其他天敌也可达到防治蝗蝻的效果。保护和利用当地的天敌控制。人为创造有利天敌生长条件，如种植天敌的植物；在发生地为鸟搭巢等；禁止捕杀青蛙	
	化学防治：喷施化学药剂，如高效氯氰菊酯	
7月下旬—9月	物理防治：成虫阶段的防治主要是干扰和阻止其产卵，可通过机械设备或者利用蝗虫对食物和光的趋化性进行诱捕和杀灭	适用于低密度
	化学防治：种群密度较高时常采用化学药剂防治，如高效氯氰菊酯	药剂施用最好在成虫产卵之前
	生态防治：对蝗虫发生地可通过增加植被覆盖度，改变植被结构等方式使土地不适合蝗虫产卵进而达到防治目的	引入植被要对其进行风险评估，以免对当地物种造成威胁
	生物防治：利用天敌鸟类、蝗虫微孢子虫、绿僵菌等制剂对蝗虫种群进行控制；破坏食物链；减少蝗虫食物源；种植蝗虫不喜食作物，荒地种植林木，可减轻危害	天敌释放与药剂施用时间上要隔开，防止天敌物种被灭杀
10月—翌年6月	生态防治：增加植物覆盖率，减少产卵的场所，降低虫口基数	

注：注意保护和招引狐狸、百灵鸟、沙鸡、鹌鹑、刺猬、蜥蜴、蟾蜍、虎甲、步甲、食虫虻、寄生蝇、泥蜂、蜘蛛、蚤斯、芫菁等天敌。

（高书晶）

20 黄胫小车蝗
Oedaleus infernalis

分布与危害 主要分布于黑龙江、吉林、内蒙古、宁夏、甘肃、青海、河北、山西等地。黄胫小车蝗食性杂，在中国记载的主要寄主有羊草、针茅、隐子草、针茅和冰草等禾本科牧草及玉米、麦类和谷子等农作物。黄胫小车蝗以成虫和蝗蝻的咀嚼式口器危害寄主植物，常形成缺刻和孔洞等症状。严重发生时，将大面积植物的叶片吃光。

主要形态特征 斑翅蝗科小车蝗属。雄性：体中型偏大，体长20.5～25.5毫米，前翅长19.0～23.0毫米，后足股节长12.0～14.0毫米。头短于前胸背板。侧缘隆线明显，中隆线不明显。头侧窝不明显，三角形。颜面略倾斜，近垂直；颜面隆起宽平，几达唇基，仅在中央单眼下略收缩。复眼卵形，大而突出，其纵径分别为横径和眼下沟长度的1.2～1.3倍。触角丝状，超过前胸背板后缘，其中段一节的长度为宽度的1.8～2.0倍。前胸背板略呈屋脊形，中部略缩狭；前缘略呈圆弧形突出，后缘钝角形；中隆线较高，侧面观平直，全长完整，仅被后横沟微微切断；沟后区的长度略大于沟前区长度，沟后区的两侧较平，无肩状圆形突出；侧片后区具粗刻点，高明显大于长。中胸腹板侧叶间中隔较宽，宽大于长，前翅发达，超过后足股节顶端，其超出部分的长度约为后足股节长度的1/3或1/2；前翅长约为前胸背板长的3.8～4.4倍，中脉域的中闰脉位于中脉和

黄胫小车蝗（姚贵敏提供）

黄胫小车蝗（姚贵敏提供）

肘脉之间，在基部较接近肘脉，中闰脉上具发音齿；前后翅的端部翅脉具弱的发音齿；后翅略短于前翅，后足股节略粗壮，长约为宽的3.8～4.2倍，上侧中隆线平滑，上基片长于下基片，膝侧片顶圆形12个，缺外端刺。跗节爪间中垫到达爪之中部。后足胫节上侧内缘

具刺。肛上板三角形，顶端钝圆12个，外缘具刺11～12个，缺外端刺。跗节爪间中垫到达爪之中部。雌性：体大而粗壮，体长29.0～35.5毫米，前翅长29.7～31.0毫米，后足股节长17.0～20.0毫米。体色：体暗褐色或绿褐色，少数草绿色。前胸背板背面"X"纹在沟后区较宽于沟前区。前翅端部之半较透明，散布暗色斑纹，在基部斑纹大而密，后翅基部淡黄色，中部暗色横带较狭，到达或略不到后缘，顶端色暗，和中部暗色横带明显分开。后足股节膝部黑色，从上侧到内侧具3个黑斑，下侧内缘在雄性红色，雌性黄褐色；后足胫节雄性红色，雌性黄褐色或淡红黄色，基部黑色，近基部内外侧及下侧具一略明显的淡色斑纹，在上侧常混杂红色，无明显分界。

生物学特性 在华北地区北部及东北地区每年发生1代，在华北地区南部发生2代，以滞育卵越冬。在不同寄主植物中，黄胫小车蝗偏好羊草、针茅、玉米等禾本科植物，且在第4龄蝗蝻及成虫期取食量显著增加。第一代成虫自6～16日龄开始达到性成熟，第二代成虫自7～11日龄开始达到性成熟。成虫有多次交配产卵的习性，多在8：00—10：00和14：00—16：00交配。成虫对产卵场所的植被、土壤理化性质、地形选择性强，多产于土质较坚实、微碱性、向阳、植被稀疏的土中。黄胫小车蝗产卵数量常因季节、食料而异，第一代单雌产卵100～355粒，第二代单雌产卵57～172粒，卵经副腺液将卵粒黏连形成卵块。黄胫小车蝗孵化后就地取食牧草和早春作物，在农牧交错地带，后期迁移至玉米、谷子等农作物上危害。

黄胫小车蝗防治历 （以内蒙古自治区为例）

时间	防治方法	要点说明
3—4月	物理防治：挖查蝗卵，做好监测，预测危害时间、区域、程度，做好防控准备工作	在土壤解冻后即开始调查，查清蝗卵密度、分布、发育进度、死亡率等数据，为准确预测提供支撑
4—5月	生态防治：保护生态环境，增加植被盖度，改善蝗虫适宜栖息条件，以生态方法遏制蝗虫灾害	执行禁牧政策，恢复草场自我修复能力。防止采矿、开荒、倾倒垃圾等破坏草原行为
6—9月	生物防治：使用1%苦参碱可溶液剂或2%阿维菌素乳油亩用量25～30毫升，大型喷雾机械或飞机、无人机喷撒。使用牧鸡天敌治蝗，绿僵菌、蝗虫微孢子虫等微生物灭蝗等绿色防控技术，达到防控效果同时保护生态环境 化学防治：当虫害种群密度过高时，可以选择4.5%高效氯氰菊酯乳油进行防治	蝗蝻期为蝗虫的防治关键时期，尽量使用生物防治方式，以减少对环境和非靶标生物的影响，对于聚集性、高密度、突发性的紧急危害情况，为应急防控可适量使用化学药剂开展植树造林，招引鸟类，保护蜘蛛、螳螂等蝗虫天敌 防治尽量在蝗虫成虫产卵前防治，以减少翌年危害来源

（姚贵敏）

21 蒙古束颈蝗
Sphingonotus mongolicus

分布与危害 主要分布于东北、内蒙古、甘肃、河北、北京、山西、陕西、山东等地。危害禾本科、莎草科植物。

主要形态特征 斑翅蝗科束颈蝗属。雄性：体型中等，体长17.0～20.9毫米，前翅长20.5～24.0毫米，后足股节长9.8～10.9毫米。头短，侧面观略高于前胸背板。头顶微低凹，宽，复眼间头顶的宽度为触角间颜面隆起宽的2倍。颜面近垂直，颜面隆起明显，具纵沟。复眼近卵形，垂直直径为水平直径的1.4倍，为眼下沟距离的1.3倍。触角丝状，超过前胸背板的后缘。前胸背板中隆线低、细，被3条横沟割断，后横沟位于中部之前，沟后区的长度为沟前区长的2倍；前胸背板侧片的后下角渐尖或圆形。中胸腹板侧叶间之中隔横宽，中隔的宽度为其长度的2倍。前翅狭长，到达后足胫节的端部，翅长约为其宽的6倍，中脉域的

展翅图（雄性）　　背面观（雄性）　　侧面观（雄性）

背面观（雌性）　　背面观（雌性）

蒙古束颈蝗（单艳敏提供）

中闰脉略弯曲。后足股节匀称，股节的长度约为其宽度的4倍。后足胫节略短于股节，外缘具刺6～7个，内缘具刺10个。跗节爪间中垫小，不到达爪的中部。下生殖板短锥状，顶端钝圆或略尖。雌性：近似雄性，体型较大，体长26.4～27.6毫米，前翅长27.5～30.2毫米，后足股节长11.5～13.4毫米。产卵瓣短粗，顶端呈钩状，下产卵瓣基部的悬垫光滑。体色：体通常黄褐色、灰褐色或暗褐色。前翅基部1/3和中部具明显的暗色横纹带。后翅基部淡蓝色，中部暗色横纹带宽，但不到达后翅的外缘和内缘。后足股节内侧蓝黑色，端部为淡色。后足胫节污黄白色，近基部具1淡蓝色斑纹。后足跗节淡黄色。

生物学特性 在内蒙古一年发生1代，以卵在土壤中越冬。卵囊多分布在干旱、半干旱荒漠草原和农田附近碎石较多的土壤中。在野外卵囊的数量很少，难以找到。

蒙古束颈蝗防治历 （以内蒙古自治区为例）

时间	防治方法	要点说明
6月初—8月初	生物防治： 1.药剂防治：绿僵菌、蝗虫微孢子虫可直接喷施，也可加工成饵剂撒施。阿维·苏云菌可湿性粉剂（0.18%阿维菌素和100亿活孢子/克苏云金杆菌）推荐用量为2～3克/亩。1.0%苦参碱可溶性液剂推荐用量为20～30毫升/亩。0.3%印楝素乳油推荐用量为6～10毫升/亩。1.2%烟碱·苦参碱乳油推荐用量为20～30毫升/亩。0.4%蛇床子乳油推荐用量为15～20毫升/亩 2.牧鸡治蝗：选择饲养到60～70日龄、体重达到0.3～0.5千克/只，育雏舍需做好消毒工作。牧鸡驯化后进行放牧灭蝗。一般放鸡密度为20～50只/亩，最高不宜超过80只。每日5:00—6:00放出，10:00召回，15:00放出，天黑前召回，召回后饮水休息。也可整天放牧，早晚各给水补料1次，期间再给水2～3次	1.施药适期为3龄期至羽化前期 2.施药避免污染水源和池塘，避开开花作物的采蜜期，避开中午强光时间，在阴天、雨后或傍晚施药 3.中小型喷雾机械防治适合在地形较为复杂、虫害面积较小的区域；大型喷雾机械防治适用于虫害面积较大、地势平坦区域；大型飞机防治适用于高密度集中连片大面积区域，超过30万亩为宜 4.药用用量根据药物说明书、当地虫害危害程度、施药方式确定 5.牧鸡释放时间最好在蝗蝻期。如果蝗虫太大，活动能力强，鸡和鸭对它的捕食效果差。牧鸡放养期间注意观察草场蝗虫密度，当蝗虫密度降至1～3头/平方米时，需及时倒场。注意防护高温、天敌、暴雨及疫病对牧鸡的影响
	化学防治：喷施化学药剂，如高效氯氰菊酯、高效氯氟氰菊酯等	化学药剂一般在应急防治时使用，选择高效低毒、低风险、环境友好型的药剂。农药使用应符合《农药管理条例》和NY/T 1276—2007的规定
	物理防治：采用草原蝗虫吸捕机等	

（单艳敏）

22 笨蝗
Haplofropis brunneriana

分布与危害 主要分布于黑龙江、辽宁、吉林、河北、山西、内蒙古、宁夏、陕西、甘肃等地。初孵蝗蝻活动范围很小，只在孵化中心周围集中危害。3龄后可逐渐向农田扩散危害，扩散距离不大。主要栖息于低丘陵山地及草甸草原，食性很杂，主要危害苜蓿及多种牧草、甘薯、大豆、蔬菜等。由于笨蝗较其他土蝗出土早，3龄期与春播出苗期基本吻合，是危害春苗的主要害虫，如禾谷类作物、甘薯、大豆、棉花、蔬菜等。

主要形态特征 癞蝗科笨蝗属。雄性：体型粗壮，体长29.0～33.0毫米，前翅长5.0～7.5毫米，后足股节长14.5～18.0毫米。体表具粗颗粒和短隆线。头较短，短于前胸背板；头顶宽短，三角形，中部低凹，中隆线和侧缘隆线均明显，后头部具有不规则的网状纹。颜面侧观稍向后倾斜，隆起明显，自中眼之上具纵沟，不到达头顶。触角丝状，不到达或到达前胸背板后缘。复眼卵圆形，其长径为短径的1.2～1.5倍，为眼下沟长度的1.5倍。前胸背板中隆线呈片状隆起，侧观其上缘呈弧形，前、中横沟不明显，仅在侧面可见，后横沟较明显，不切断或切断中隆线，前、后缘均呈角状突出。前胸腹板突的前缘隆起，近乎弧形。前翅短小，呈鳞片状，侧置，在背面较宽地分开，其顶端不到达、到达、或刚超过腹部第一节背板后缘。后翅甚小，刚可看见。后足股节粗短，上侧中隆线平滑，外侧具不规则短隆线，基部外侧的上基片短于下基片，膝部下膝侧片顶端宽圆。后足胫节端部具内、外端刺。鼓膜器发达。腹部背面具脊齿，第二腹节背板侧面具摩擦板。肛上板为长盾形，中央具纵沟。下生殖板锥形，顶端较尖锐。雌性：体形较大于雄性，体长42.0～46.0毫米，前翅长5.5～7.5毫米，后足股节长18.5～20.5毫米。前翅较宽圆。肛上板近椭圆形，端部略尖，中央具纵沟。下生殖板后缘中央具角状突出，有时稍平或稍凹。产卵瓣较短，上产卵瓣之上外缘平滑。体色：体黄褐色、褐色或暗褐色。前胸背板侧片常具不规则淡色斑纹，前翅前缘之半暗褐色，后缘之半较淡。后足股节上侧常具暗色横斑。后足胫节上侧青蓝色，底侧黄褐色或淡黄色。

笨蝗（姚贵敏提供）

生物学特性 一年发生1代，以卵在2～3厘米的土中越冬，翌年4月上旬至中旬孵化，蝗蝻共5个龄期，6月羽化，6月下旬—7月上旬产卵。孵化后一天即进入农田取食春苗，2龄前食量小，其后逐渐增加，没有明显的暴食性。笨蝗生活习性比较特殊，它们既怕冷又怕热。多分布在山区或靠近山区的地带，在温度适宜的情况下，喜欢在土质干燥、阳光充足的地方活动，动作迟钝，不能飞，也不善跳。取食时间与温度有关，低龄蝗蝻清晨不取食；日平均气温在20℃以上时，多在8：00后开始；中午前后取食最盛。3龄以后一般8：00—11：00、15：00—19：00取食，在气温30℃以上、相对湿度70%时不爱取食，故炎热的中午和阴雨天很少取食，而且不活跃。脱皮前后有停食现象。交尾产卵期间取食次数增加，食量增大，边交尾边取食。产卵历时1小时左右，产卵深度为2厘米左右。产卵有选择性，多产于湿润土层深处和植物较密的草墩下、石块下及石缝的土中，尤以草墩下较多。蝗蝻期为57～63天，平均60.2天。其中1龄期15～16天，2龄13～14天，3龄10～11天，4龄10天，5龄9天。成虫期为45～65天，平均55天。

笨蝗防治历

（以辽宁省为例）

时间	防治方法	要点说明
4—7月	生态防治：通过封山禁牧、围封补播优良牧草等生态措施，改善生态环境，加大植被盖度，从根本上破坏笨蝗喜欢的稀疏植被的生境条件	
	生物防治： 1.利用牧鸡牧鸭灭蝗。5月份雏鸡达到60～70日龄时，将调训好的鸡群（鸭群）运至蝗害区，一天早晚两次出牧（8：00，16：00）捕食蝗蝻 2.利用生物药剂防治：如25亿孢子/克绿僵菌粉剂、2%阿维·苏云金杆菌可湿性粉剂、1.2%烟碱·苦参碱乳油、0.3%印楝素乳油、微孢子虫悬浮剂、100亿孢子/毫升短稳杆菌悬浮剂等 3.保护利用天敌：对笨蝗有一定控制作用的有寄生螨、捕食性天敌大盗虻、野狸。还有多种鸟类，如麻雀、灰喜鹊等	生物药剂防治的最佳时期一般在2～3龄蝗蝻期
	化学防治：一般应急使用。草原蝗虫化学防治使用的药品主要是菊酯类农药，如4.5%高效氯氰菊酯乳油、25%溴氰菊酯乳油、40%氰戊·马拉松乳油等	化学药剂一般在蝗虫突发或密度较大时应用。化学农药也应选择高效低毒、低风险、环境友好型的药剂

注：注意保护和招引鸟类、蛙类、壁虎、禽类、昆虫（蚁类、蜂虻类、虎甲、步甲、螳螂、芫菁类等）等天敌。

（王坤芳，王文成）

23 春尺蠖
Apocheima cinerarius

分布与危害 主要分布于内蒙古、新疆、甘肃、宁夏、陕西、河南、山东、河北、青海和四川等地。在内蒙古主要发生在鄂尔多斯市和巴彦淖尔市。主要以柠条为寄主,在缺少食料时,还可危害麦类、玉米等作物。

主要形态特征 尺蛾科尺蠖属。成虫雌、雄异型。雌虫体长7～19毫米,体灰褐色,无翅,触角为丝状,腹部背面各节有数目不等的成排黑刺,臀板上有突起和黑刺列。雄虫体长为10～15毫米,翅展为28～37毫米,触角羽毛状,浅色,前翅淡灰褐色至黑褐色,有3条褐色波状横纹。卵长圆形,长0.8～1毫米,灰白色,有珍珠光泽,卵壳上有整齐刻纹。初产时灰白色或粉红色,孵化前呈深紫色。幼虫体长32～37毫米,灰褐色;2龄后,其体色变化很大,有褐绿、棕黄等色。腹部第二节两侧各具一瘤状突起,腹线均为白色,气门线一般为淡黄色。蛹长9～30毫米,灰黄褐色,末端臀棘分叉,雌蛹有翅的痕迹,蛹期达9个多月。

春尺蠖成虫(李德家提供)

春尺蠖幼虫(杨树提供)

生物学特性 一年1代,以蛹在树干基部周围土壤中越夏越冬。翌年早春羽化产卵,当日平均气温0～5℃时开始羽化,4月上旬或稍晚开始见到虫卵,4月中下旬卵开始孵化,4月下旬—5月上旬是发生危害盛期,5月下旬开始老熟。成虫有趋光性,白天静伏杂草内或树皮裂缝处,傍晚活动产卵,多在黄昏至23:00前交配,随后分2～5批将卵产于树皮裂缝中和断枝皮下,多为块状,每雌最多产卵超过300粒,平均104粒。卵期13～30天,孵化率近80%,未孵化的卵呈干瘪状,产卵期一般10天左右,前3天产卵量占总卵量的44%～88%。以夜间产卵最多,占总产卵量的94.8%,尤以上半夜集中，占73.8%。幼虫共分5龄，1～3龄时群集，以后分散危害。初孵幼虫，活动能力弱，取食幼芽或花蕾，3龄后可取食叶片，有吐丝下垂转移危害的习性，4～5龄虫具相当强的耐饥能力，可吐丝借风飘移传播到附近危害林木，受惊扰后吐丝下坠，平静后又收丝攀附上树。老熟后下地，在树冠下土壤中分泌黏液硬化土壤作土室化蛹，多数入土深度16～30厘米，入土深度由土质决定，疏松沙质土入土较深，最深可达60厘米，多分布于树干周围低洼处。幼虫期约1个月，其中蛹前期4～7天；耐饥能力强，对缺食环境有较大的适应性。夏秋降雨量小，冬季降雪大，有利于越冬蛹的存活，自然死亡率低，容易导致第二年大面积发生。

春尺蠖防治历　　（以西北地区为例）

时间	防治方法	要点说明
2—3月	物理防治：在树干基部1圈6～8厘米的塑料膜带，下部用湿土培堆压实，每日清晨在膜带下补杀集中的雌虫	成虫羽化初期进行
2—3月	生物防治：用药剂在树干1.5米以下至树盘内，喷洒生物药品，毒杀和阻止春尺蠖的雌虫上树。使用生物药品（苦参碱、阿维菌素），化学药品（高效氯氰菊酯）	苦参碱药量：45毫升/亩 高效氯氰菊酯：45毫升/亩
4—5月	化学防治：使用25%阿维灭幼脲2000倍液、20%除虫脲3000～4000倍液、5%高效氯氰菊酯3000～4000倍液、10%吡虫啉2000倍液等喷雾防治，树干上的卵刻槽及排粪孔喷施，杀灭卵和皮下小幼虫	80%的幼虫为2龄、3龄时是防治最佳时期
4—5月	生物防治：采用含量为每毫升1.25×10^{10}的春尺蠖核型多角体病毒（AciNPV），每亩用量2毫升，加入0.1%的洗衣粉，在幼虫三龄前，喷洒32000IU/毫克苏云金杆菌，每亩100克。在虫口密度较低、危害较轻的区域，严禁使用对天敌有害的药剂，充分保护寄生姬蜂、鸟类等天敌	80%的幼虫为2龄、3龄时是防治最佳时期

注：对可能携带害虫活体的木材、包装板、苗木等严格加强检疫，防止人为传播扩散。注意保护和招引
斑啄木鸟和花绒寄甲等天敌。

（查干）

24 小地老虎

Agrotis ipsilon

分布与危害 全国各地均有分布。该虫能危害多种草本植物和木本植物的幼苗，常切断幼苗近地面的茎部，使整株死亡，造成缺苗垄断，严重时毁种。主要危害菊科、禾本科、藜科、沙草科、十字花科、百合科、十字花科、蔷薇科等植物。

主要形态特征 夜蛾科地夜蛾属。成虫：体长16～23毫米，翅展42～54毫米，全体灰褐色，有黑色斑纹。触角雌蛾丝状，雄蛾双栉状。前翅前缘及外横线至内横线部分呈黑褐色；肾形斑、环形斑、棒形斑位于其中，各斑均围以黑边；在肾形纹外面有一明显的尖端向外的楔形黑斑，亚缘线上有2个尖端向里的楔形黑斑，三斑相对，易识别。后翅灰白色，近后缘处褐色，翅脉及边缘黑褐色。卵：扁球形，初产淡黄色，孵化前淡褐色。高约0.5毫米，宽约0.61毫米，表面有纵横交错的隆起线纹，纵棱显著，较横棱粗。幼虫：老熟幼虫体略扁，体长37～47毫米，头宽3～3.5毫米，全体黑褐色稍带黄色。体表粗糙，密布黑色圆形小突起。腹部1～8节背面各有2对毛片，后对大前对1倍以上。腹足趾钩15～25个不等，除第一对腹足有时不到20个外，其余均在20个以上。蛹：长18～24毫米，宽约9毫米，红褐色，腹部4～7节前端背面有一圈黑纹，腹端黑色，具臀刺1对。

小地老虎（陈吉军提供）

生物学特性 年发生世代数因地区和气候条件的差异而不同，在我国从北到南1年发生1～7代。小地老虎是一种迁飞性害虫，具有远距离迁飞的特性。幼虫一般具有6个龄期，少数具有7～8个龄期。幼虫1～3龄期昼夜取食，4～6龄期昼伏夜出。初孵幼虫孵化时先咬破卵壳，然后转移至作物幼苗心叶或者杂草上取食叶肉，2龄幼虫取食后形成孔洞，3龄则取食叶片形成缺刻或者采食生长点，4龄起幼虫昼伏夜出，白天潜伏在土中，夜间开始活动危害，将幼苗于地表处齐地剪断取食，清晨时连茎带叶拖入地下继续取食，5龄以后幼虫进入暴食期，食量约达到幼虫期总食量的90%。此外，小地老虎的耐饥饿能力较强，3龄前约3～4天，3龄后可达到15天左右。在食物稀少或种群密度较大时小地老虎幼虫个体间有自相残杀的行为。老熟幼虫常选择比较干燥的土壤筑建土室进行化蛹。成虫也有昼伏夜出的习性，白天常栖息在土缝或草丛等隐蔽之处，取食、交配和产卵活动集中于19：00至翌日5：00。在春季傍晚气温8℃以上时开始活动，而且活动的虫量和范围随温度的升高而增大，大风的夜晚则停止活动。小地老虎成虫具有强趋化性和趋光性：对发酵的甜酸气味和萎蔫杨树枝有较强趋性，喜食蜂蜜和蚜露。成虫羽化后1~2天开始交配，多数集中于3~5天进行，交配后第二天开始产卵，交配次数一般为1~2次，少数为3~4次。卵产于土块、地面缝隙、土面枯草或草秆等处。以散产的方式产卵，每头雌成虫产卵量约1000~2000粒，少数不足百粒卵，分数次完成产卵。

小地老虎防治历 （以青海省为例）

时间		要点说明
3—5月	物理防治： 1.诱杀：用糖、醋、酒诱杀液或甘薯、胡萝卜等发酵液诱杀成虫 2.诱捕：用泡桐叶或莴苣叶诱捕幼虫；对高龄幼虫也可在清晨到田间检查，如果发现有断苗，拨开附近的土块，进行捕杀	成虫傍晚至前半夜活动最盛，可进行诱杀 幼虫每日清晨活动最盛，可进行诱捕
	化学防治： 1.喷雾：每公顷可选用50%辛硫磷乳油750毫升，或2.5%溴氰菊酯乳油或40%氯氰菊酯乳油300~450毫升、90%晶体敌百虫750克，兑水750升喷雾。喷药适期应在幼虫3龄盛发前 2.一般虫龄较大是可采用毒饵诱杀。可选用90%晶体敌百虫0.5千克或50%辛硫磷乳油500毫升，加水2.5~5升，喷在50千克碾碎炒香的棉籽饼、豆饼或麦麸上，于傍晚在受害作物田间每隔一定距离撒一小堆，或在作物根际附近围施，每公顷用75克。毒草可用90%晶体敌百虫0.5千克，拌砸碎的鲜草75~100千克，每公顷用225~300千克	傍晚施药效果最好

（唐炳民）

25 青海草原毛虫
Gynaephora qinghaiensis

分布与危害 主要分布于西藏、青海、甘肃、四川等高寒牧区，主要在西藏的那曲市中部海拔4400米以上区域（如聂荣县、色尼区、安多县、比如县）。危害藏北嵩草为主的高寒草甸草地，造成牧草生长低矮、产草量降低。各个龄期的幼虫均有群聚现象，危害范围较集中，点片状发生。6—7月危害最为严重。严重时虫灾发生面积达16万公顷以上，虫口密度约为10条/平方米。聂荣县常年发生的草原毛虫有逐步向邻近的比如县、安多县辐射性扩散的趋势。

主要形态特征 毒蛾科毒蛾属。雄成虫体长6.7～9.2毫米，体黑色，背部有黄色短毛，翅2对，被黑褐色鳞片，圆形黑褐色复眼，羽毛状触角，有足3对，被黄褐色长毛，跗节5节，跗节端部黄色。雌成虫体长圆形，较扁，体长8～14毫米，宽5～9毫米，头部甚小，黑色。复眼、口器退化，触角短小，棍棒状。三对足较短小，黑色，不能行走，仅能用身体蠕动。卵散生，藏于雌虫茧内，呈偏球形，卵孔端稍平或微凹入。初产的卵乳白色，近孵化的卵颜色逐渐变暗。卵直径1.12～1.47毫米。幼虫雄性6龄，雌性7龄，初龄幼虫体长2.5毫米左右，体乳黄色，12小时后变成灰黑色，48小时后为黑色，背中线两侧，明显可见毛瘤8排，毛瘤上丛生黄褐色长毛。老熟幼虫体长22毫米左右，体黑色，密生黑色长毛，头部红

青海草原毛虫（马立和提供）

青海草原毛虫（马立和提供）

色，腹部第6、7节的中背腺突起，呈鲜黄色或火红色。

生物学特性　青藏高原昼夜温差大，有效积温低，每年仅发生1代，而且1龄幼虫有滞育特性，必需越冬阶段的冷冻刺激到翌年4—5月才开始生长发育。青海草原毛虫生活在海拔4500米以上的亚高山草甸草地、垫状植被草地上。1龄幼虫出土时不取食，集中活动，到2龄期时牧草返青，草原毛虫开始取食，主要取食高山嵩草等嫩枝叶。幼虫是其生长发育的主要时期，也是危害草原牧草的重要阶段。幼虫有7个龄期，但雄虫提前1个龄期结束幼虫发育，随后结茧化蛹。1龄幼虫在头年9—10月份孵化，1龄幼虫取食茧毛，并在虫茧或枯草中聚集越冬，越冬幼虫在次年4—5月牧草返青时随气温逐日上升开始活动，并少量取食返青嫩叶。各个龄期的幼虫均有群聚现象，危害范围较集中，点片状发生。6—7月危害最为严重。主要取食高原嵩草、西藏嵩草、小嵩草、矮嵩草等高营养牧草。

青海草原毛虫防治历 （以青海省为例）

时间	防治方法	要点说明
6—7月	化学防治：常用农药为拟除虫菊酯类药品，用量以20～25毫升/亩为宜	化学药品施药后24～48小时进行防效检查，要求防效达90%以上
	生物防治：常用苏云金杆菌、类产碱、苦参碱、白僵菌、绿僵菌、印楝素等生物制剂，用量在20～30毫升/亩	生物药品施药后3～7天进行防效检查，要求防效达85%以上。首次使用的生物药剂，要求在防治前一年完成最佳剂量筛选试验
	生物防治：投放昆虫病原线虫，侵入害虫体内，释放共生菌，使害虫患败血症死亡	易受温度、湿度、土壤、昆虫病原线虫的种类及其天敌等因素的影响，降低了昆虫病原线虫的防治效果

注：防治指标为30头/平方米。

（张绪校，周俗，王钰，刘凯）

26 古毒蛾
Orgyia antiqua

分布与危害 主要分布于西藏、甘肃、内蒙古、吉林、宁夏、河南、山东、河北、山西、辽宁等地。幼虫主要啃食白刺叶片、叶茎部的嫩芽和嫩皮、幼芽生长点等，从而影响白刺正常的生长发育，降低其生物量，重则造成部分白刺枝条枯死。主要危害柳、杨、桦、桤木、榛、鹅耳枥、山毛榉、梧桐、栎、云杉、落叶松、苹果、李、梨、山楂等多种乔、灌木果树及大豆、花生、麻类和黄瓜等农作物。

主要形态特征 毒蛾科古毒蛾属。成虫雌、雄异型，雌成虫体长12～18毫米，宽6～8毫米，纺锤形，头、胸小，腹部肥大。体黑褐色，被有灰黄色茸毛。触角短，栉齿状，黄白色。足发达，黄色，爪腹面有短齿。翅退化为翅芽，灰黄色，前翅尖叶形，长约2毫米，后翅极短约0.5毫米。雄成虫体长9～130毫米，翅展26～300毫米。体棕褐色，中室后缘近基部有一褐色圆斑，不甚清晰。内横线隐见两条，亚外缘线较宽，均匀，为栗褐色，古毒蛾亚外缘线后部外侧有一弯月形白斑。后翅颜色和前翅相同，上面无清晰花纹。卵：灰白色，球形，直径0.9毫米，卵的上面有一圆形凹陷，凹陷边缘为白色，卵表面光滑。幼虫：老熟幼虫体长25～34毫米，头部黑色，体灰黄色（雄性）或青灰色（雌性），腹面黄褐色，前胸两侧各有一向前伸的黑色长毛束，似角状，多数长毛的顶端分若干小枝杈，呈锤状，腹部第一至四节背面中央各有一杏黄色或黄白色毛丛，毛长短基本一致，犹如毛刷。第八腹节的背面中央有一黑色长毛束伸向后方（和前胸两侧的长毛束相似），腹部第七、八节背面各有红色的翻缩腺1个。在亚背线上胸部各节及腹部五至七节上有红色或黄色的瘤1对，在气门上线每节也有红色或黄色的瘤1对，腹足5对，趾钩单序中带式。蛹：体长10～14毫米，初蛹期黄白色，渐变为黄褐色，羽化前为黑褐色，外被一层黄白色的薄丝茧保护，茧长16～21毫米。

古毒蛾（严林提供）

生物学特性　一般一年发生1～2代，卵产于白刺枝杈或地下。5月下旬—6月中旬孵化，6月上旬末—6月中旬为孵化盛期，6月下旬为第一代幼虫危害盛期，老熟幼虫于6月中旬—7月上旬化蛹，6月下旬为化蛹盛期，蛹于6月下旬—7月中旬羽化为成虫并交尾产卵，第二代卵于7月上旬—7月下旬孵化为新幼虫，老熟幼虫于7月末或8月初至8月下旬化蛹，8月中旬为第二代幼虫危害盛期，蛹于8月上旬至8月末或9月初羽化为成虫，并产卵于白刺枝杈或树皮缝上。幼虫孵化后先群集在卵壳附近，经数小时至1天后开始取食并分散危害。幼虫共5龄，初龄幼虫多数在叶皮和叶肉，残留下表皮而使叶片上出现透明的斑点状食痕，并吐丝悬垂借风力传播扩散。随着幼虫的生长，稍片成孔洞和缺刻。幼虫4龄以后，食量剧增，危害加剧，昼夜均取食，并多分散危害。严重时甚至将叶片全部吃光，且越冬代幼虫危害重，而当年第二代幼虫危害则较轻。

古毒蛾防治历　　　　　　（以吉林省为例）

时间	防治方法	要点说明
6—7月	物理防治：利用雄成虫有趋光性的特点，安装黑光灯或频振式杀虫灯，诱杀成虫	
	化学防治：古毒蛾幼虫的防控，目前使用的农药主要是拟除虫菊酯类药品。可用1.8%阿维菌素乳油4000～6000倍液，高效氯氰菊酯乳油2000～2500倍液，25%灭幼脲800～1000倍液进行常规喷雾	防控时药液喷洒要均匀，喷药要求以叶面充分湿润而没有药液滴流为宜
	生物防治：采用烟碱·苦参碱等植物源农药防控古毒蛾效果较好。每公顷用原药量375～525毫升，稀释1000～1500倍液，常量喷雾	
9月—翌年4月	物理防治：在秋、冬季节，人工采集卵块，集中烧毁，可有效降低虫源基数，且不会对环境造成污染	不适宜大面积防控，费时费力

注：古毒蛾的天敌种类较多，已知天敌有50余种，在防治古毒蛾的过程中保护利用自然天敌非常重要。其中主要寄生性天敌有毒蛾绒茧蜂、黑股都姬蜂、古毒蛾追寄蝇等，捕食性天敌有七星瓢虫、横纹金蛛、鸟类等。

（刘凯）

27 黏虫

Mythimna separata

分布与危害 在我国分布极广,除局部地区外,各地均有报道,又称剃枝虫、行军虫,是一种暴食性害虫。主要危害禾本科作物及杂草,1、2龄幼虫多在麦株基部叶背或分蘖叶背光处危害,3龄后食量大增,5～6龄进入暴食阶段,吃光叶片或把穗头咬断,其食量占整个幼虫期90%左右。主要危害小麦、玉米、稻、高粱、粟、甘蔗、芦苇及禾本科牧草等。

主要形态特征 夜蛾科秘夜蛾属。成虫:体淡黄或淡灰褐色,触角丝状,前翅中央近前缘有2个淡黄色圆斑,外侧环形圆斑较大,后缘有1个小白点,白点两侧各有1个小黑点,由翅尖向斜后方有1条暗色条纹。后翅暗褐色,向基部色淡。雄蛾较小,色深。卵:半球形,直径0.5毫米,白至乳黄色,孵化前铅黑色。幼虫:幼虫体长38毫米,体色多变,发生量少时色浅,大发生时体色浓黑。头部中央沿蜕裂线有一个"八"字形黑褐色纹。体表有许多纵向条纹,背中线白色,边缘有细黑线,背中线两侧有2条红褐色纵条纹,近背面较宽,两纵线间均有灰白色纵行细纹。腹面污黄色,腹足外侧具有黑褐色斑。蛹:红褐色,第5、6、7腹节背面近前缘有横列的马蹄形刻点,中央刻点大而密,两侧渐稀,尾端具有1粗大的刺,刺的两旁各生有短而弯的细刺2对。

生物学特性 成虫昼伏夜出,羽化后必须取食花蜜补充营养,且飞翔力强,有迁飞的习性,对黑光灯和糖、醋、酒液有很强的趋性。成虫的繁殖力很强,每头雌蛾能产卵1000～2000粒,最多可达3000粒。喜在温暖湿润麦田、水稻、草丛

黏虫幼虫(周长梅提供)

黏虫危害玉米(周长梅提供)

中产卵，产卵部位趋向于黄枯叶片，产卵时分泌黏液，使叶片卷成条状，常将卵黏包住，每个卵块一般20～40粒，成条状或重叠。幼虫孵化后常躲在植株心叶、裂开的叶鞘等隐蔽部位，一般在夜间取食，但阴天或大发生进入高龄时，白天也能大量取食。5～6龄幼虫进入暴食期，大量蚕食叶片。在田间，同龄幼虫的体长变异较大，不易掌握。初孵幼虫腹足未全发育，所以行走如尺蠖，4龄以后则呈蠕动爬行。幼虫有假死性，1～2龄幼虫受惊后常吐丝下垂，悬在半空中，随风飘散，3龄以后受惊则立即落地，身体蜷曲成环状不动。片刻后再爬到植株或松土中。幼虫有潜土习性，4龄以后幼虫常潜伏在作物根旁的松土里或土块下，深度大约1～2厘米。

黏虫防治历 （以东北地区为例）

时间	防治方法	要点说明
6—8月	物理防治： 1.诱杀：每0.13～0.2公顷设置一个糖醋酒诱杀盆，每公顷30～45个杨枝把或谷草把，逐日诱杀 2.诱卵：每公顷插小谷草把150个，引诱成虫产卵，每2天换1次，并集中烧毁。在卵盛期，可顺垄采卵，连续进行3～4次	在成虫产卵前诱杀，及时灭杀虫卵
	化学防治：2.5%敌百虫粉、5%马拉松粉等，用量为22.5～37.5千克/公顷；2.5%溴氰菊酯乳油3000～4000倍液、50%辛硫磷乳油1500～2000倍液、48%乐斯本乳油1500倍液等药剂喷雾	仅限用于应急防治，药效持续期内严禁天敌和人畜进入施药区
	生物防治：20%灭幼脲1号胶悬剂和25%灭幼脲3号胶悬剂喷雾，BT乳剂400～500倍液、除虫精粉（0.04%二氟苯醚菊酯粉剂）22.5～30千克/公顷	在虫口密度降低，发现较早时可施用低毒农药。药效持续期内尽量减少天敌和人畜进入施药区

（周长梅）

28 草地螟
Loxostege sticticalis

分布与危害 主要分布于北京、河北、山西、内蒙古、辽宁、吉林、黑龙江、甘肃、宁夏、青海、新疆等地,曾在河北、山西、内蒙古、辽宁、吉林和黑龙江发生危害。初龄幼虫取食叶肉组织,残留表皮或叶脉,3龄后可食尽叶片。1949年新中国成立以来出现过3次大暴发周期,每一次大暴发都使我国经济产成了严重损害,对我国的生态环境造成严重破坏。主要危害大量农作物、苜蓿以及黎科、苋科、菊科等杂草。

主要形态特征 螟蛾科锥额野螟属。草地螟属于完全变态昆虫,需经历卵、幼虫、蛹、成虫四个时期。卵0.5～1毫米,椭圆形,初产时呈乳白色,有珍珠光泽,后发黄变成暗灰色,分散或2～12粒覆瓦状排列成卵块。幼虫体长15～24毫米,呈墨绿色或灰黑色,前胸背板黑色,有3条黄色纵纹,周身有毛瘤,体节有毛片及刚毛,气门线两侧有黄色条纹。蛹长10～14毫米,化蛹初期呈米黄色,羽化前变成栗黄色。成虫体长8～12毫米,翅展19～26毫米,体、翅呈暗褐色,头额锥形,触角丝状,前翅有暗褐色斑,外缘有一条黄白色圆点连成的波纹。

生物学特性 幼虫一般分为5龄,在适温(21～24℃)条件下,发育历期为14～15天左右,其中5龄幼虫历期最长,2、3龄最短。初孵幼虫有吐丝下垂的习性,多集中在茎梢上结网躲藏,取食叶肉,3龄后食量剧增,出现明显的暴食性。幼虫食量测定表明1～3龄取食量较小,约占总食量的4.9%,而4～5龄食量大增,占总取食量的95.1%。可见,1龄是草地螟幼虫防治的最佳时期。草地螟幼虫属于杂食性害虫,可危害杂草、苜蓿及多种农作物,在缺

草地螟蛹(岳方正提供)

草地螟幼虫(韩海斌提供)

草地螟成虫(岳方正提供)

乏食料的情况下还会迁移危害。草地螟是一种迁飞性害虫，喜昼伏夜出，成虫白天在草丛或作物地里潜伏，在天气晴朗的傍晚，成群随气流远距离飞行。

草地螟防治历 （以内蒙古地区为例）

时间	防治方法	要点说明
2—4月	物理防治：对土地进行翻耕，使蛹暴露在不适宜的环境中，降低成虫羽化率，减小草地螟种群数量	草地螟的蛹产在地下5～7厘米的位置，翻耕要彻底
5—9月	物理防治： 1.布设黑光灯诱杀成虫 2.在田边地块种植藜科植物灰菜，引诱成虫产卵，对带有草地螟卵块的引诱植物进行集中处理	卵块不好发现时可以等幼虫孵化以后再对引诱植物进行处理，但是要在引诱植物与作物之间建好药剂隔离带，防止草地螟迁移到作物上进行危害
5—9月	药剂防治：草地螟大发生时，应急防治采用25%甲维·灭幼脲悬浮剂、5%氯虫苯甲酰胺悬浮剂、2.2%甲维·氟铃脲悬浮剂等药剂；低种群密度发生，绿色防治采用0.3%印楝素乳油、5%阿维菌素乳油、1%苦参碱可溶液剂以及白僵菌等药剂	药剂施用要在幼虫2龄与3龄之前
5—9月	生物防治：利用伞裙追寄蝇、阿格姬蜂等天敌昆虫对草地螟种群进行控制	天敌释放与药剂施用时间上要隔开，防止天敌昆虫被灭杀

注：草地螟（幼虫）防治指标为15头/平方米，注意保护和招引伞裙追寄蝇、阿格姬蜂等天敌。

（岳方正）

29 柽柳条叶甲
Diorhabda elongata deserticola

分布与危害 主要分布于青海、新疆、内蒙古、甘肃、宁夏、四川、陕西等地。该虫以成虫和幼虫取食沙蒿、细叶蒿等植株幼嫩枝芽和叶片,重度危害时叶片全部啃光,植被成片枯萎、焦黄,犹如火烧一样,严重影响着牧草的生长发育,对当地畜牧业的生产造成极大损失。寄主植物为菊科的冷蒿和蔷薇科的委陵菜、沙葱等。

主要形态特征 鞘翅目叶甲科。成虫:雌体长5.8~7毫米,雄体长4.8~6毫米。体深黄色,密被黄白色绒毛。头顶中央有圆形黑斑,触角丝状,第一节两侧黑色,其余各节黄褐色。前胸背板宽于体长,有3个黑斑呈"小"字形,鞘翅黄色,质地柔软,每侧鞘翅上有2条黑色条纹。足黄色,腿节和胫节端部、跗节和爪均黑色。卵:椭圆形,长0.5毫米,初产为粉黄色,后变为橙黄色,孵化前为灰白色。卵壳表面有刻点。幼虫:长4~8毫米,老熟时体长8.5~9.5毫米。污黄色,头近圆形,头、口器黑色或黑褐色。胸足3对黑色,腹足退化。前胸背板黑褐色,中央有1条黄色纵纹。从胸部第二节到腹部第八节背板,每节被3条黑色横线分开,线间有2排褐色瘤突。腹部末端及肛上片黑色。蛹:为离蛹,长5~6毫米,宽2.8~3毫米。初化蛹为乳黄色,附器透明,后变为黑褐色。头、体上着生许多黑色短刺毛,气门黑色。背中线宽,深黄色,复眼棕色,上颌端部黑色。蛹外具薄茧,茧白色,与土混合后呈土灰色。

柽柳条叶甲(连古城提供)

柽柳条叶甲(伊敏江提供)

生物学特性 在德令哈地区,该害虫两年发生1代,以幼虫或卵在土中越冬,深度15~25厘米,数量为多。6月中旬进行监测时,幼虫已发育至3~4龄期,6月下旬幼虫进入5

龄期，龄期约10天。幼虫期可持续到7月底，但7月上旬末，幼虫数量开始减少。当受到惊扰时，幼虫卷曲成"C"状静止不动，时间约2分钟。昼间气温较高时（13：00—15：00），部分幼虫在植物枝条上活动、温度下降后又爬回土中。6月下旬幼虫开始化蛹、7月上旬化蛹进入盛期，7月中旬为化蛹末期。成虫始见于7月上旬，7月中旬为羽化盛期，成虫羽化出土一星期后，雌雄虫体型开始变化，雌虫腹部开始变大，雄虫变化不大。

柽柳条叶甲　　（以青海省为例）

时间	防治方法	要点说明
6月	化学防治：采用4.5%高效氯氢菊酯和30%敌畏氰乳油2种化学药剂按照用量20～25毫升/亩进行防治	注意药剂的交替轮换使用
	生物防治：类产碱、1.2%苦·烟乳油、0.5%水乳剂蛇床子素等生物制剂，用药量18～20毫升/亩	低量喷雾防治

注：1. 鉴于柽柳条叶甲仅危害柽柳属植物，可与梭梭、沙拐枣等树种实行株间或行间混交，营造混交林可有效控制其发生蔓延。
2. 利用冬灌破坏成虫越冬场所防治柽柳条叶甲。
3. 夏洪灌淤覆盖化蛹场所，致使成虫羽化不出，柽柳条叶甲是在寄主根茎基部周围附近落叶层中的细表土层或2厘米左右深土壤内化蛹，在水资源比较丰富和有引洪灌溉淤条件的地方，适时引水灌淤覆盖，致使成虫羽化不出也是有效办法。

（刘凯）

30 沙葱萤叶甲

Galeruca daurica

分布与危害 主要分布于新疆、甘肃、内蒙古等地。植食性害虫,主要危害沙葱、多根葱等百合科葱属植物,有时也危害锦鸡儿、针茅、艾蒿等牧草。幼虫期仅取食沙葱、多根葱、野韭等百合科葱属植物,喜食较嫩的叶茎,危害严重时可将牧草地上部分啃食光,仅剩根茬,幼虫危害时多趋于条带状分布,在具有危害边际100~300厘米宽幅内高密度聚集,并以每天300~500厘米的速度向未被危害过的草场"集体"迁移,啃食过的草场一片枯黄,与未啃食草场形成鲜明的"分界"。

主要形态特征 叶甲科萤叶甲属。成虫体长7.5毫米,体宽5.95毫米,长卵形,雌虫略大于雄虫。羽化初期虫体为淡黄色,逐渐变为乌金色,具光泽。触角11节。复眼较大,卵圆形,明显突出。头、前胸背板及足呈黑褐色,前胸背板横宽,长宽之比约为3:1,表面拱突,上覆瘤突,小盾片呈倒三角形,无刻点。鞘翅缘褶及小盾片为黑色。鞘翅由内向外排列5条黑色条纹。端背片上有1条黄色纵纹,具极细刻点。腹部5节,初羽化成虫腹部末端遮盖于鞘翅内,取食生活一段时间后腹部逐渐膨大,腹末端外露于鞘翅,越夏期间收缩于鞘翅。雌虫腹末端为椭圆形,有1条"一"字形裂口,交配后腹部膨胀变大。雄虫末端亦为椭圆形,腹板末端呈2个波峰状凸起。

沙葱萤叶甲(姚贵敏提供)

沙葱萤叶甲(姚贵敏提供)

生物学特性 在内蒙古地区1年发生1代,以卵在牛粪、石块及草丛下越冬。越冬卵多结成块状,外附有土和沙粒。越冬卵通常在有效降雨后才开始孵化,一般时间为4月上旬—5月下旬,4月下旬为孵化盛期,因此,春季有效降雨早晚决定了卵孵化及幼虫发生时间的早晚。在15~27℃条件下,幼虫期为17.8~46.4

天。5月中旬，老熟幼虫停止取食后在牛粪及石块下建造土室化蛹，15～27℃条件下蛹期为5.8～16.9天。6月上旬成虫开始羽化，羽化初期的成虫大量取食以补充营养，腹部逐渐膨大。7月上旬进入蛰伏期，在牛粪、石块和芨芨草等丛生植物根部以滞育状态越夏。成虫在寄主上具群集性，成虫期3～4个月。24℃条件下，成虫取食5～9天后开始交配产卵。雌雄可多次交尾，雌虫一生产卵1～2次，直至死亡。交尾后3～6天开始产卵，常产于牛粪、石块及针茅丛下，每次产卵约37～80粒。至9月下旬成虫基本消失，个别见于牛粪、石块及草丛下。

沙葱萤叶甲防治历 （以内蒙古自治区为例）

时间	防治方法	要点说明
4月上旬—5月中旬	药剂防治：可使用0.3%印楝素乳油、1.0%苦参碱可溶液剂、1.3%苦参碱水剂、1.2%烟碱·苦参碱乳油或4.5%高效氯氰菊酯乳油等药剂。幼虫聚集时使用拖拉机配套大型喷雾机械进行规模化防治，可提高防治效率，若幼虫开始分散蔓延，可配套小型喷雾机械补充灭杀，效果更佳	沙葱萤叶甲幼虫对杀虫药物敏感，20～30毫升/亩药剂施用量即可对幼虫起到很好的灭杀效果，防治适期在3龄始盛期
5月中旬—6月上旬	物理防治：该虫主要在牛粪和砾石下化蛹，在蛹期，可通过翻转牛粪和砾石的物理防治方法，破坏蛹的正常发育，降低蛹成活率，减少成虫数量	物理防治适期在5月下旬
6月上旬—7月上旬	成虫大量取食补充营养，可使用药剂防治	7月上旬开始在牛粪、石块、草丛根部蛰伏越夏，直至8月下旬，该段时间不宜防治

（姚贵敏）

参考文献

白海涛, 徐成体. 利用昆虫病原线虫防治青海草原毛虫的研究 [J]. 青海畜牧兽医杂志, 2018, 48(2): 60-63.

崔伯阳, 黄训兵, 高利军, 等. 亚洲小车蝗对内蒙古典型草原3种禾本科植物取食特性研究 [J]. 环境昆虫学报, 2019, 41(3): 458-464.

高书晶, 刘爱萍, 徐林波, 等. 印楝素和阿维·苏云菌对草原蝗虫的防治效果试验 [J]. 现代农药, 2010, 9(2): 44-46.

韩海滨, 刘爱萍, 高书晶, 等. 草原蝗虫综合防治技术 [M]. 北京: 中国农业科学技术出版社, 2017.

昊翔, 周晓榕, 庞保平, 等. 沙葱萤叶甲的形态特征和生物学特性研究 [J]. 草地学报, 2015, 23(5): 1106-1108.

洪军, 杜桂林, 王广君. 我国草原蝗虫发生与防治现状分析 [J]. 草地学报, 2014, 22(5): 929-934.

李白光. 乌鲁木齐南郊红胫戟纹蝗、意大利蝗混生区防治适期的探讨 [J]. 新疆畜牧业, 1986(2): 30-34.

李炳文, 秘雪金, 刘炳明. 笨蝗发生规律和防治方法的研究 [J]. 病虫测报, 1992(1): 17-18.

李广. 亚洲小车蝗为害草场损失估计分析的研究 [D]. 北京: 中国农业科学院, 2007.

李敏, 吕耀星, 王雪松, 等. 东北地区亚洲飞蝗的生物学特性 [J]. 吉林农业大学学报, 2012, 34(1): 37-41.

李晓明, 徐公芳, 英陶, 等. 24种杀虫剂防治白刺古毒蛾药效试验 [J]. 草业科学, 2011, 28(10): 1873-1877.

刘长仲, 冯光翰. 宽须蚁蝗生态学特性研究 [J]. 植物保护学报, 1999(2): 153-156.

刘长仲, 王刚. 鼓翅皱膝蝗生态学特性研究 [J]. 应用与环境生物学报, 2002(6): 632-635.

刘慧艳. 草地螟和黏虫突发应急防控技术措施 [J]. 种子科技, 2019, 37(1): 81+86.

刘思博, 殷国梅, 高博, 等. 内蒙古草原虫害防治对策及效益研究 [J]. 畜牧与饲料科学, 2017, 38(12): 55-65.

马崇勇, 伟军, 李海山, 等. 草原新害虫沙葱萤叶甲的初步研究 [J]. 应用昆虫学报, 2012, 49(3): 766-769.

全国畜牧总站. 中国草原蝗虫生物防治实践与应用 [M]. 北京: 中国农业出版社, 2014.

孙大赛, 吴荣, 杨斌. 春尺蠖绿色防控技术试验与推广应用 [J]. 花卉, 2018(22): 274-275.

田方文, 蔡建义, 赵春秀, 等. 紫花苜蓿田大垫尖翅蝗发生规律的研究 [J]. 草业科学, 2004(10): 51-53.

田方文, 李振国. 鲁北黄胫小车蝗生物学特性及发生规律的初步观察[J]. 中国植保导刊, 2009, 29(10): 34−36.

涂雄兵, 李霜, 杜桂林, 等. 沙漠蝗生物学特性及防治技术研究进展[J]. 植物保护, 2020, 46(3): 16−22.

王江蓉, 吕国强. 河南省东亚飞蝗发生防治历史与可持续治理措施[J]. 现代农业科技, 2019(2): 82−83.

王杰, 崔慧慧. 东亚飞蝗防治药剂筛选试验技术总结报告[J]. 农业与技术, 2015, 35(1): 30−31+33.

王丽英, 杨红珍, 余晓光, 等. 红胫戟纹蝗痘病毒形态及理化性质研究[J]. 昆虫学报, 1998(S1): 100−106.

王志平, 鄂晓明, 杨建军, 等. 春尺蠖生物学特性与防控技术探讨[J]. 内蒙古林业, 2020(2): 22−23.

韦秋凤. 黏虫的生物学特性与防治技术初探[J]. 广西农学报, 2012, 27(6): 26−28.

乌麻尔别克, 张泉, 乔璋, 等. 红胫戟纹蝗损害牧草及其防治指标的评定[J]. 草地学报, 2000(2): 120−125.

向玉勇, 杨茂发. 小地老虎在我国的发生危害及防治技术研究[J]. 安徽农业科学, 2008, 36(33): 14636−14639.

熊玲. 新疆草原以生物防治为主的蝗虫综合防治技术应用[J]. 新疆畜牧业, 2011(3): 59−63.

严慧琴. 青海省德令哈市蓄集乡柽柳条叶甲危害与防控技术研究[J]. 畜牧与饲料科学, 2018, 39(3): 48−50.

杨定, 张泽华, 张晓. 中国草原害虫名录[M]. 北京: 中国农业科学技术出版社, 2013.

余虹丽, 侯洪. 亚洲飞蝗在新疆农田的发生情况与防治对策[J]. 中国植保导刊, 2004(9): 24−25.

岳方正. 伞裙追寄蝇的退化及复壮研究[D]. 北京: 中国农业科学院, 2016.

张东霞, 吴旭洲. 2008年山西省小地老虎暴发原因分析及防治技术探讨[J]. 山西农业科学, 2008(11): 106−108.

张果, 刘林庆, 张国相. 黄胫小车蝗的生物学特性观察[J]. 内蒙古农业科技, 1996(2): 21−23.

张泉, 乌麻尔别克, 乔璋, 等. 意大利蝗造成牧草损失研究及防治指标的评定[J]. 新疆农业科学, 2001(6): 328−331.

张生合, 王朝华, 史小为, 等. 阿维菌素与类产碱生物防治剂防治青海草原害虫试验报告[J]. 养殖与饲料, 2008(5): 57−61.

张跃进, 姜玉英, 江幸福. 我国草地螟关键控制技术研究进展[J]. 中国植保导刊, 2008(5): 15−19.

赵磊, 周俗, 严东海, 等. 3种生物农药对西藏飞蝗的防治效果[J]. 植物保护, 2015, 41(5): 229-232.

赵紫华, 涂雄兵, 张泽华, 等. 警惕沙漠蝗种群持续增加和入侵我国边境地区的风险[J]. 植物保护学报, 2021, 48(1): 5-12.

中国科学院中国动物志委员会. 中国动物志: 昆虫纲[M]. 北京: 科学出版社, 2010.

周俗, 唐川江, 张绪校, 等. 采用飞机施药对青藏高原西藏飞蝗的防效研究[J]. 草业科学, 2008(4): 79-81.

朱慧, 任炳忠. 蝗虫成灾规律、影响因素及防控技术研究进展[J]. 环境昆虫学报, 2020, 42(3): 520-528.

朱继德, 田方文, 孙福来. 大垫尖翅蝗产卵习性研究[J]. 植物保护, 2006(4): 116-117.

有害植物

01 豚草

Ambrosia artemisiifolia

分布与危害 主要分布在辽宁、吉林、黑龙江、河北、山东、江苏、浙江、江西、安徽、湖南、湖北、新疆等地，被列入第一批《中国外来入侵物种名单》。2010年首次发现豚草和三裂叶豚草入侵新疆伊犁州新源县则克台镇特列克特草场，经近10年时间已由点状发生扩散为集中连片发生。豚草具有适应性强、繁殖力强、扩散速度快等特点，可在恶劣的环境条件下旺盛生长，在新的环境中具有很强的竞争力，在与当地物种争夺资源时，能成功将其排挤掉，使入侵地的生物多样性大大降低，生态平衡遭到破坏，对禾本科、菊科等植物有抑制、排斥作用。混入牧草，被牛误食后将影响奶制品的质量。此外，其花粉易引起人类"花粉症"和过敏性鼻炎。

主要形态特征 菊科豚草属，一年生草本植物。高50～150厘米，茎直立，上部有圆锥状分枝，有棱，被疏生密糙毛。下部叶对生，具短叶柄，二次羽状分裂，裂片狭小，长圆形至倒披针形，全缘。叶深绿色，被细短伏毛或近无毛，背面灰绿色，被密短糙毛。雄头状花序半球形或卵形，径4～5毫米，具短梗，下垂，在枝端密集成总状花序。总苞宽半球形或碟形；花冠淡黄色，长2毫米，有短管部，上部钟状，有宽裂片。瘦果倒卵形，无毛，藏于坚硬的总苞中。

豚草苗期（李璇提供）

生物学特性 生长期短，生育期交错重叠。在新疆伊犁地区，出苗期4月中下旬—5月中旬，分枝期5月下旬—7月下旬，花期7—8月，其中盛花期8月中旬，果熟期9月上旬—10月中旬，全生育期约为180天。豚草雌雄同株不同花，高度特化的单性花头状花序使得豚草交配方式以异交为主，能产生大量有活力的种子，每株可产

豚草花序（李璇提供）

3000～60000粒种子。豚草种子存在休眠现象，低温层积能够有效打破豚草种子休眠，温度5℃即可，层积时间因不同生育地纬度不同而不同，通常在4～12周，室内干藏7～10个月同样能打破休眠。豚草具有二次休眠特性，能够形成持久土壤种子库，其种子在土壤中经30～40年依然有萌发能力，这也是豚草种群暴发的原因。

豚草防治历 （以新疆维吾尔自治区为例）

时间	物候期	防治方法	要点说明
4—5月	苗期	化学防治：适用于大面积防除，用21%氯氨吡啶酸水剂常规喷雾25～30毫升/亩，常规兑水喷量30～40升/亩，可添加助剂以达到减药增效的作用。由于降雨等气候因素影响和豚草种子萌发参差不齐的生物学特性，防除区域2～3次重复喷施或加量施药	由于豚草为检疫性害草，在草场上防除过程中，技术人员现场全程跟踪指导，防后要进行防效检查，对于漏防区域及时补防，确保防除区域不出现死角。在无风晴天进行喷药，保证均匀喷洒
		物理防治：零星分布适合人工拔除。拔除时要连根拔起，拔除后的植株应放在指定地点，及时统一清理	
5—7月	分枝期至现蕾期前	化学防治：此阶段植株已逐渐长大，可适当增大药剂量或添加助剂，用21%氯氨吡啶酸水剂常规喷雾30～60毫升/亩，常规兑水喷量30～40升/亩	现蕾期前要完成所有的防除作业，技术员要反复检查疫区。超低容量喷雾时，应远离农田、打草场，防止雾滴飘移到农作物上。在施药区应插上明显的警示牌，避免造成人、畜中毒或其他意外。防除后第7天、14天进行防效检查，对遗留的植株及时防除
		物理防治：零星分布时适合人工刈割。刈割时要齐地刈割，避免二次分蘖，刈割后的植株应放在指定地点，并及时统一清理	
8—10月	花期至果期	花期因花粉易导致过敏反应，禁止在花期作业。若花期结束仍发现有活株，务必在种子成熟前刈割，避免种子落地	

（李璇，徐震霆）

02 三裂叶豚草

Ambrosia trifida

分布与危害 主要分布于黑龙江、吉林、辽宁、河北、北京、天津、山东、上海、浙江、江西、湖北、湖南、四川、陕西、新疆等地。具有极强的种间竞争能力，繁殖再生能力强，能够迅速形成大片的高密度单一优势群落，造成"碾压式"入侵，严重破坏农田、草原、林地生态系统多样性，导致原有植物群落衰退或消亡。此外花粉还能引起人过敏反应；三裂叶豚草的适口性差，家畜采食后还会造成肉制品、奶制品的质量下降，给畜牧业带来巨大的经济损失。

主要形态特征 菊科豚草属，一年生粗壮草本植物。草高50～200厘米，在新疆伊犁新源县能达到300～400厘米，有分枝，被短糙毛，有时近无毛。叶对生，有时互生，具叶柄，下部叶3～5裂，上部叶3裂或有时不裂，裂片卵状披针形，顶端急尖或渐尖，边缘有锐锯齿，有三基出脉，粗糙，上面深绿色，背面灰绿色，两面被短糙伏毛。叶柄长2～3.5厘米，被短糙毛，基部膨大，边缘有窄翅，被长缘毛。雄头状花序具短柄下垂，在枝的顶端以总状排列。雄花序的总苞呈浅碟状，由几个扇形总苞片联合而成，直径可达7毫米，内有20朵雄花；雌头状花序无柄，着生于雄总状花序轴下部，每对叶腋的雌花序聚成轮，少数单生；成熟的瘦果倒圆锥形，褐色，长6～10毫米，宽4～7毫米，顶端具有较粗的圆锥形喙，且喙

三裂叶豚草（李璇提供）

三裂叶豚草苗期（李璇提供）

周围尖锐突起,每株可产种子约5000粒。

生物学特性　生育期约为6～7个月,在新疆伊犁河谷的出苗期在4月下旬,花期从7月下旬开始,约70天;散粉期8月中旬;果熟期8月末,近50天。三裂叶豚草雌雄同株,自交可育,繁殖力和生命力强。每植株可以产生种子约5000粒,种子成熟后大多数落入土中。种子在土壤表面下1～3厘米深处发芽能力最强,在土壤表面8厘米以下不能发芽。种子具有二次休眠特性,埋入土壤40年后依然能够萌发。此外,该物种再生力及扩散能力极强,其茎、节、枝、根都可长出不定根,扦插压条后能形成新的植株,经铲除、切割后剩下的地上残条部分,仍可迅速地生出许多不定根,重发形成新的植株。三裂叶豚草还具有短距离和长距离扩散的适应机制,扩散能力极强。

三裂叶豚草防治历（以新疆维吾尔自治区为例）

时间	物候期	防治方法	要点说明
4—5月	苗期	物理防治:零星分布适宜人工拔除,拔除时要连根拔起,拔除后的植株应放在指定地点,及时统一清理	由于豚草为检疫性害草,在防除过程中,技术人员须全程跟踪指导,防后要进行防效检查,对于漏防及时补防,确保防除区域不出现死角
4—5月	苗期	化学防治:适用于大面积高密度区域防除,用21%氯氨吡啶酸水剂常规喷雾25～30毫升/亩,常规兑水喷量30～40升/亩。可添加助剂以达到减药增效的作用	由于豚草为检疫性害草,在防除过程中,技术人员须全程跟踪指导,防后要进行防效检查,对于漏防及时补防,确保防除区域不出现死角
5—7月	分枝期至现蕾期前	化学防治:此阶段植株已逐渐长大,可适当增大药剂量或添加助剂,用21%氯氨吡啶酸水剂常规喷雾50～60毫升/亩,常规兑水喷量30～40升/亩,助剂可选择有机硅或矿物油	现蕾期前要完成所有的防除作业,技术员要反复检查疫区。超低容量喷雾时,应远离农田、打草场,防止雾滴飘移到农作物上。在施药区应插上明显的警示牌,避免造成人、畜中毒或其他意外。防除后第7天、14天进行防效调查,对遗留的植株及时防除
5—7月	分枝期至现蕾期前	物理防治:零星分布适合人工刈割。刈割时要齐地刈割,避免二次分蘖,刈割后的植株应放在指定地点,并及时统一清理	现蕾期前要完成所有的防除作业,技术员要反复检查疫区。超低容量喷雾时,应远离农田、打草场,防止雾滴飘移到农作物上。在施药区应插上明显的警示牌,避免造成人、畜中毒或其他意外。防除后第7天、14天进行防效调查,对遗留的植株及时防除

（李璇,吴建国）

03 紫茎泽兰

Ageratina adenophora

分布与危害 紫茎泽兰从20世纪40年代开始由中缅边境入侵我国云南南部地区，随后迅速蔓延，并于20世纪70年代开始对我国造成严重危害。目前主要危害云南、四川、贵州、广西、西藏、重庆等地，并以每年20～60千米的速度向北部和东部地区蔓延。紫茎泽兰生命力旺盛，繁殖速度快，适应性强，竞争力极强，易成为群落单一优势种，破坏当地植物多样性，已经对我国西南地区的生态造成了严重破坏，给当地农、林、牧业带来了极大的经济损失；侵入草地将造成可食牧草严重减产。全草有毒。其种子和花粉是引起人和动物过敏性哮喘的主要病原。

主要形态特征 菊科紫茎泽兰属，多年生草本或半灌木状植物，其根茎粗壮，须根发达，茎及叶柄呈紫色；分枝对生、叶对生、叶片质薄；头状花序较小，一般有40朵左右小花，像伞房一样排列在枝端，花色为白色。成年植株高1～2米，寿命可达15～20年。

生物学特性 孕蕾期从11月下旬开始，在12月下旬现蕾，然后到次年4月开始结果，新枝萌发从5月中旬开始，6—10月为生长旺盛期。紫茎泽兰喜温暖、湿润的环境，颇具侵占性与抗逆性，群体自然演替能力强，常会形成单一群落，导致当地的植物衰退和消失。紫茎泽兰具独特的物候特征，通常与当地种有差异，其季节性的优势特征对紫茎泽兰的入侵机制起到较大的促进作用，开花早，营养生长阶段较长，因而具潜在的高产量，使其获得强大的竞争能力。紫茎泽兰具有强大的生殖能力，通常进行有性繁殖，结实量巨大，种子具有长久种子库，种子传播媒介广，此外，根茎具有较强的生根发芽能力，可进行无性繁殖。

紫茎泽兰头状花序（胡延春提供）

紫茎泽兰防治历 (以云南省为例)

时间	物候期	防治方法	要点说明
3—5月	苗期	物理防治：人工拔除、机械清除	
		生态防治：种植速生树木或牧草，如狗尾草、红三叶、皇竹草、紫花苜蓿、柠檬桉等	在拔出后立即播种本地优势种牧草
		化学防治：在春季幼苗期施用吡啶类（氨氯吡啶酸等）、磺酰脲类（甲嘧磺隆、噻吩磺隆、氯嘧磺隆等）、草甘膦和2,4-D等除草剂	
		生物防治：放养植食性昆虫泽兰实蝇	此法只能在一定程度上抑制紫茎泽兰的生长，可作为辅助措施

（胡延春，周俗）

04 黄帚橐吾
Ligularia virgaurea

分布与危害 主要分布于青海、甘肃、四川、云南和西藏等地。其生于海拔2700～4500米的高寒草甸及山地草甸地区。全株有毒,主要集中在根部。有毒成分为倍半萜、三萜、挥发油和吡咯里西啶等多种生物碱。各种牲畜误食黄帚橐吾后,反刍停止,精神沉郁,脉搏呼吸加快,腹水增多,严重者胃肠黏膜有出血斑,肝肿大,肺充血,2～3天死亡。

主要形态特征 菊科橐吾属,多年生草本植物。根肉质,多数,簇生。茎直立,高15～80厘米,光滑,基部直径2～9毫米,被厚密的褐色枯叶柄纤维包围。丛生叶和茎基部叶具柄,柄长达21.5厘米,全部或上半部具翅,翅全缘或有齿,宽窄不等,光滑,基部具鞘,紫红色,叶片卵形、椭圆形或长圆状披针形,长3～15厘米,宽1.3～11厘米,先端钝或急尖,全缘至有齿,边缘有时略反卷,基部楔形,有时近平截,突然狭缩,下延成翅柄,两面光滑,叶脉羽状或有时近平行;茎生叶小,无柄,卵形、卵状披针形至线形,长于节间,稀上部者较短,先端急尖至渐尖,常筒状抱茎。总状花序长4.5～22厘米,密集或上部密集,下部疏离;苞片线状披针形至线形,长达6厘米,向上渐短;花序梗长3～20毫米,被白色蛛丝状柔毛。头状花序辐射状,常多数,稀单生;小苞片丝状;总苞陀螺形或杯状,长7～10毫米,一般宽6～9毫米,稀在单生头

单株黄帚橐吾(胡延春提供)

状花序较宽,总苞片10～14毫米,2层,长圆形或狭披针形,宽1.5～5毫米,先端钝至渐尖而呈尾状,背部光滑或幼时有毛,具宽或窄的膜质边缘。舌状花5～14毫米,黄色,舌片线形,长8～22毫米,宽1.5～2.5毫米,先端急尖,管部长约4毫米;管状花多数,长7～8

毫米，管部长约3毫米，檐部楔形，窄狭，冠毛白色与花冠等长。瘦果长圆形，长约5毫米，光滑。

生物学特性 主要依靠有性繁殖，需4～6年完成生活史。营养生长期无茎，仅有1～10片簇生叶，仅在有性繁殖期有茎。花果期7—9月。其中花期从7月上旬见花至8月中旬花期结束，约50天。1个头状花序的花期约10天，总状花序的开花次序是由顶部头状花序起始到基部头状花序结束，花期约25天。花序成熟期为9月中下旬。除有性繁殖外，还可通过地下横走的根状茎进行繁殖。

黄帚橐吾（胡延春提供）

黄帚橐吾防治历 （以青藏高原地区为例）

防治时间	物候期	防治方法	要点说明
3—6月	苗期及营养期	物理防控：人工拔除或刈割	在苗期连根拔除，同时进行补播。在5月底至6月初刈割，连续刈割2～3次，每次间隔20～40天
		生态防治：人工播种出苗早、竞争力强的当地一年生或多年生牧草	在播种一年生牧草后的第二、三年需要继续补种，至少连续播种3年
		化学防治：点喷24%氯氨吡啶酸	在营养生长旺盛期（4～6叶龄）进行
		综合防控：对黄帚橐吾高密度危害的草地采用此法。在草地植被盖度较高的草场，采取"挖除+围栏封育"，一个月后进行扫残挖除。在草地植被盖度较低的草场，采取多次齐地"刈割+围栏封育"	刈割务必在花期结束前开展，刈割掉落的残株须带离草场集中销毁。黄帚橐吾株高达到15厘米进行再次刈割

（李璇，徐震霆）

05 狼毒大戟
Euphorbia fischeriana

分布与危害 主要分布于黑龙江、吉林、辽宁、内蒙古、河北、河南、山西、陕西、宁夏、甘肃等地。全株有毒，根毒性大。生于较干燥的山坡、丘陵坡地，砂质草原和阳坡稀疏的松林下，是森林草原带的松柞树林下和草甸化草原群落中常见伴生种，草原带东部的砂质草原或山地丘陵也有伴生。

主要形态特征 大戟科大戟属，多年生草本植物。根圆柱状，肉质，常分枝，长20～30厘米，直径4～6厘米。茎单一不分枝，高15～45厘米，直径5～7毫米。叶互生，于茎下部鳞片状，呈卵状长圆形，长1～2厘米，宽4～6毫米，向上渐大，逐渐过渡到正常茎生叶；茎生叶长圆形，长4～6.5厘米，宽1～2厘米，先端圆或尖，基部近平截，侧脉羽状不明显；无叶柄；总苞叶同茎生叶，常5枚；伞幅5，长4～6厘米；次级总苞叶常3枚，卵形，长约4厘米，宽约2厘米；

狼毒大戟花（马崇勇提供）

苞叶2枚，三角状卵形，长与宽均约2厘米，先端尖，基部近平截。总苞钟状，具白色柔毛，高约4毫米，直径4～5毫米，边缘4裂，裂片圆形，具白色柔毛；腺体半圆形，淡褐色。雄花多枚，伸出总苞之外；雌花1枚，子房柄长3～5毫米；子房密被白色长柔毛；花柱3，中部以下合生；柱头不分裂，中部微凹。蒴果卵球状，长约6毫米，直径6～7毫米，被白色长柔毛；果柄长达5毫米；花柱宿存。种子扁球状，长与直径均约4毫米，灰褐色，腹面条纹不清，种阜无柄。

生物学特性 旱生型强阳性多年生草本植物，株高30～40厘米，根肉质肥大，最大单株重超过2千克，主要生于未有上方庇荫、土壤以风化砂为主的贫瘠干旱阳陡坡。花果期5—7月。5月上旬萌发，中下旬开花结籽，6月中上旬种子成熟，7月上旬植株干枯，为典型的春季植物。种子繁殖。

狼毒大戟防治历 （以内蒙古自治区为例）

时间	物候期	防治方法	要点说明
4—5月	苗期	物理防治：人工拔除或刈割	开花前刈割
		生物防治：人工播种竞争力强的牧草，如沙打旺、紫花苜蓿等	优先选择本地优势牧草
5—7月	花期	化学防治：喷施20%氯氟吡氧乙酸或48%三氯吡氧乙酸溶液	盛花期时叶片面积大，药物吸收好

（孙学涛）

06 醉马草
Achnatherum inebrians

分布与危害 主要分布于西藏、新疆、青海、甘肃、宁夏、内蒙古、四川、陕西等地，河北、山西、山东也有少量分布；主要生长在海拔1700～3000米的山坡、草地、田边、路旁、河滩。目前在新疆、青海、甘肃、宁夏等地形成了单一种群分布，新疆昌吉州、吐鲁番、哈密、天山南北坡的河谷草甸、山地荒漠草原、山地草甸草原、山地草甸上醉马草覆盖度可达85%，严重破坏了当地草地生物多样性。全株有毒，内含多种生物碱。牲畜在可食牧草缺乏时会误食醉马草，当采食量达到体重1%时即会出现口吐白沫、精神迟钝、食欲减退等中毒症状，严重时死亡。

主要形态特征 禾本科羽茅属，多年生草本植物。须根柔韧，茎秆直立，少数丛生，平滑，株高60～120厘米，茎粗2.5～3.5毫米。叶片质地较硬，直立，边缘通常卷折，上面及边缘粗糙，茎生者长8～15厘米，基生者长达30厘米，宽2～10毫米；圆锥花序紧密呈穗状，直立或先端下倾，长10～25厘米，宽1～2.5厘米，花序分枝每节6～7枚簇生，基部即生小穗，小穗长5～6毫米，灰绿色，成熟后呈褐铜色或带紫色；颖膜质，几等长，先端尖但常破裂，微粗糙，具3脉；外稃长4毫米，背部密被柔毛，顶端具2微齿，具3脉，脉入顶端汇合且延伸成芒；芒长10～13毫米，一回膝曲，芒柱稍转且被微短毛，基盘钝，具短毛，长约0.5毫米；内稃具2脉，脉间被柔毛，无脊；花药长约2毫米，顶端具白色毫毛。颖果圆柱形，长约3毫米。

醉马草居群（吴建国提供）

生物学特性 多生长在海拔1700～4200米、年降水量200～300毫米的半干旱草地，在山地草甸较为干旱的地带也有分布，特别是在弃耕地、道路两旁、田埂及退化严重的草地上分布更广泛，由于喜光耐旱，多生长在冬场阳坡，返青早、生长快、植株高大。醉马草花期6—7月，果熟期7—8月。主要靠有性繁殖，平均单穗产种子481粒，高的可达739粒，成熟后易脱落。种子落地后主要分布在0～5厘米土层中，占0～30厘米土层中种子的98.7%。

0～5厘米土层种子发芽率极高，0～1厘米土层种子发芽率超过95%，2～5厘米土层种子发芽率也达60%以上，5厘米以下土层种子失去发芽力。种子主要靠家畜传播，特别是绵羊，也可通过风、水和人为因素传播。抗逆性强、种子数量大及传播快等特性使其具有竞争优势，易成片生长。

醉马草防治历　　（以新疆维吾尔自治区为例）

时间	物候期	防治方法	要点说明
4—6月	苗期	物理防治：对未成片分布的醉马草，可在出苗后利用人工机械连根挖除，回填土，补播适宜当地的优良牧草，如红豆草和苜蓿（混播）等	
		化学防治：在枝叶幼嫩时，点喷高效氟吡甲禾灵。为增加除草剂的附着性、渗透性，提高除草效果，可添加助剂有机硅	进行二次扫残补喷。选择无风或微风晴好天气作业，防治区域避开水源地，喷药后禁牧15天。农药使用应符合《农药管理条例》和NY/T 1276—2007的规定
		综合防治：危害度低于15%的草地，采用人工挖除；危害度16%～50%的草地，采用"刈割+补播"防治模式；危害度50%～80%的草地，采用"生物防治+化学防治"模式，即先采取人工补播豆科牧草，待成苗后，选用除草剂（复配）进行化学防治；危害度大于80%的草地，采用"物理防治+生物防治"模式，即采取条带式耕翻，并补播多年生牧草	补播可利用机械条播红豆草或紫花苜蓿等，再实施围栏封育。根据防治区域的地形、面积选择适当的施药器械
6—7月	花期	物理防治：醉马草抽穗至种子成熟前，刈割1～2次，将刈割掉落的残株收集后集中处理，避免落入土壤	该方法能使醉马草株高、生殖枝密度、穗长、冠幅显著降低，又不会破坏草皮

（李璇，吴建国）

07 少花蒺藜草
Cenchrus pauciflorus

分布与危害 主要分布在辽宁西北部、内蒙古东部和吉林南部三省的交会地区，其他省区虽未达到危害的程度，但也存在蔓延态势，常在草原、农田、堤坝、道路两旁、撂荒地、林间空地，甚至菜园、果园、草坪等分布。该草刺苞可刺伤人和动物，造成机械损伤，并且直接影响羊的采食、哺乳、配种等，在危害严重的地区，还对羊毛生产带来重大影响。此外，该草侵入裸露或新开垦的土地后，能迅速生长繁殖，占据空间优势，与本地其他牧草争夺水分、养分及光源，抑制其他牧草生长发育，继而成为群落的优势植物，改变植物群落结构，从而导致优良牧草产量降低，草场品质下降。还会造成入侵地植物群落系统抗逆性下降，草场生物多样性降低，进而使整个草地生态系统遭到破坏。

主要形态特征 禾本科蒺藜草属，一年生草本植物，俗称草狗子、草蒺藜等。须根短而粗、具沙套。茎圆柱形且中空、扁圆形，呈半匍匐状，高约15～100厘米，在茎基部丛状分蘖，分蘖能力极强。叶片干后常常对折，正反两面均无毛；小穗一般为1～6枚，多为2枚，簇生成束，其外围是刺苞；刺苞呈球形，具有极疏的倒刺；颖果呈椭圆或扁球状、黄褐色或棕褐色，背面呈鱼脊状，腹面凹似勺，种脐明显，褐色。

生物学特性 通过种子繁殖，在整个生育期内其种子随时可萌发，并能开花结实，其分蘖能力极强，繁殖系数高，平均每株结实70～80粒，最多时可超过500粒。少花蒺藜草具有强抗干旱能力，严重干旱时能够降低营养生长，快速开花结实，完成全部生活周期。春、夏、秋季只要遇到适宜的温度和湿度，可随时萌发、开花和结实。在干旱条件下，少花蒺藜草刺苞中的2粒或多粒种子只有外侧较大的种子能够吸收水分，并萌发出土形成植株；而其余种子萌发被抑，被迫处于休眠状态。但当已形成的地上植

少花蒺藜草（王坤芳提供）

株受破坏而死亡时，刺苞内未萌发种子则会立即打破休眠萌发出土，进行繁殖。但在水分等条件适宜时，刺苞中小种子同样具有较高的发芽率。在辽宁，少花蒺藜草出苗始于4月下旬，6月中下旬达到出苗高峰，6月底植株达到最大叶片数和分蘖数，7月中下旬为营养快速生长时期，至10月10日停止发育。从出苗至果实成熟需经历5个月左右的时间。少花蒺藜草种子萌发的适宜温度为20～25℃，埋种3～10厘米深度均可正常萌发。少花蒺藜草种子具有休眠特性。当年采收的少花蒺藜草种子，30天内不能萌发；室温或低温75天可度过休眠期，低温层积不是种子萌发的必要条件，且种子萌发对于土壤基质要求不高，这也是其成功入侵的重要原因。

少花蒺藜草防治历

（以辽宁省为例）

时间	物候期	防治方法	要点说明
4—7月	苗期至开花期	物理防治：机械耕翻。少花蒺藜出苗后，机械整体翻耕危害地块。抽穗至种子成熟前，进行刈割清穗，将刈割掉落的残株收集后集中处理。连续刈割3年	刈割清穗可以大大降低少花蒺藜草土壤中种子库数量
		生态防治：少花蒺藜出苗前人工播种适宜优良牧草。可选择的品种有多年生的苜蓿、沙打旺、小冠花、沙生冰草、黑麦草、羊草、披碱草和一年生黑麦草等	一年生牧草第二、三年继续补种，至少持续补播3年
		化学防治： 1. 土壤处理剂防治。在少花蒺藜草出苗前，喷施除草剂进行防治。除草剂可选择50%乙草胺乳油、5%咪唑乙烟酸水剂等 2. 茎叶除草剂防治。在少花蒺藜草3～5叶幼苗期，选择晴朗无风天气喷施除草剂进行防治，连续两次喷药，间隔期为20天，同时注意除草剂的交替应用 3. 复配药剂防治。在少花蒺藜草3～5叶幼苗期。可选择50%乙草胺乳油+5%精喹禾灵乳油、50%乙草胺乳油+4%烟嘧磺隆悬浮剂、50%乙草胺乳油+24%烯草酮乳油等	一次性施用茎叶处理剂和土壤处理剂复配剂防治。根据少花蒺藜草生长地区的地形与防治面积的大小选择适当施药器械。农药使用应符合《农药管理条例》和NY/T 1276—2007的规定
		综合防控：危害度低于15%的草地，补播优良牧草；危害度16%～50%的草地，采用"化学防治+物理防治"模式；危害度50%～80%的草地，采用"生态防治+化学防治"模式；危害度大于80%的草地，采用"物理防治+生态防治"模式	

（王坤芳，王文成）

08 变异黄芪
Astragalus variabilis

分布与危害 主要分布于内蒙古、宁夏、甘肃、青海等地。为常年烈毒性草，全草有毒，含苦马豆素等毒性生物碱，花期毒性最强，干枯后仍有毒。主要危害马、驴、牛和羊，尤以幼龄动物最敏感。中毒后开始嗜睡，10～15天后表现四肢僵硬，视觉不清，乱跑乱撞，站立不稳，逐渐消瘦，直到死亡。怀孕母畜误食后会流产、致畸和致残等。

主要形态特征 豆科黄芪属，多年生草本植物。高10～20厘米，全体被灰白色伏贴毛。根粗壮，直伸，黄褐色，木质化。茎丛生，直立或稍斜升，有分枝。羽状复叶有11～19片小叶；叶柄短；托叶小，离生，三角形或卵状三角形；小叶狭长圆形、倒卵状长圆形或线状长圆形，长3～10毫米，宽1～3毫米，先端钝圆或微凹，基部宽楔形或近圆形，上面绿色，疏被白色伏贴毛，下面灰绿色，毛较密。总状花序生7～9花；总花梗较叶柄稍粗；苞片披针形，较花梗短或等长，疏被黑色毛；花萼管状钟形，长5～6毫米，被黑白色混生的伏贴毛，萼齿线状钻形，长1～2毫米；花冠淡紫红色或淡蓝紫色，旗瓣倒卵状椭圆形，长约10毫米，先端微缺，基部渐狭成不明显的瓣柄，翼瓣与旗瓣等长，瓣片先端微缺，瓣柄较瓣片短，龙骨瓣较翼瓣短，瓣片与瓣柄等长；子房有毛。荚果线状长圆形，稍弯，两侧扁平，长10～20毫米，被白色伏贴毛，假2室。

变异黄芪（尉亚辉提供）

变异黄芪（尉亚辉提供）

生物学特性 耐干旱，耐瘠薄，抗寒，返青早，生长快，繁殖能力相当强，中等大小的单株结荚60个左右，逐年繁衍，促使草场退化，甚至成为以毒草为优势植物的劣质草场。主根粗不发达，分枝少，茎呈灰绿色，并于基部分枝，花小而密，颜色为白色、黄色或紫红色，叶为三角形，较小，荚果弯曲扁平。生于海拔900~1900米的荒漠及半荒漠地带、干涸河床冲积砂质黄土上、半固定沙丘间、沙漠、戈壁。干旱年份，其他可食牧草生长不良时，变异黄芪则呈现旺盛生长，一般3—4月发芽，花期5—6月，果期6—8月。

变异黄芪防治历　（以内蒙古自治区为例）

时间	物候期	防治方法	要点说明
3—8月	苗期至开花期	物理防治：人工挖除和刈割。清除后及时补播适合当地气候条件的优良牧草	此方法适用于毒草生长相对集中，且分布面积较小的地区，尤其是在畜舍、居民点、饮水点附近毒草生长点
		生态防治：根据生态毒理学原理调节植物毒素在生态系统中的平衡关系所采用的一种生态工程方法。常用的措施有改善草群结构法、加快植被演替法、改变耕作制度法、畜种限制法等	该方法周期长、见效慢、成本高，需要较大投入
		化学防治：叶量多且大时喷施除草剂，常用的除草剂有2,4-D丁酯、草甘膦等	此方法适用于毒草分布面积大，且生长密度较高的草地。农药使用应符合《农药管理条例》和NY/T 1276—2007的规定

（姚贵敏）

09 黄花棘豆
Oxytropis ochrocephala

分布与危害 主要分布于宁夏、甘肃、青海、四川、西藏等地。一般生长于海拔1900～5200米的田埂、荒山、平原草地、林下、林间空地、山坡草地、阴坡草甸、高山草甸、沼泽地、河漫滩、干河谷阶地、山坡砾石草地及高山圆柏林下。含有生物碱,以盛花期至绿果期毒性最大。各类家畜采食后都可引起慢性积累中毒,以马中毒最为严重。外来改良家畜误食中毒死亡,影响畜种改良。其蔓延繁殖引起草原退化。

主要形态特征 豆科棘豆属,多年生草本植物。高10～50厘米。根粗,圆柱状,淡褐色,深达50厘米,侧根少。茎粗壮,基部分枝多而开展,有棱及沟状纹,密被卷曲白色短柔毛和黄色长柔毛,绿色。羽状复叶长10～19厘米。托叶草质,卵形,与叶柄离生,于基部彼此合生,分离部分三角形,长约15毫米,先端渐尖,密被开展黄色和白色长柔毛;叶柄与叶轴上面有沟,于小叶之间有淡褐色腺点,密被黄色长柔毛;小叶17～31毫米,草质卵状披针形,长10～30毫米,

黄花棘豆花(李璇提供)

宽3～10毫米,先端急尖,基部圆形,幼时两面密被贴伏绢状毛,以后变绿,两面疏被贴伏黄色和白色短柔毛。多花组成密总状花絮,以后延伸;总花梗长10～25厘米,直立,较坚实,具沟纹,密被卷曲黄色和白色长柔毛,花序下部混生黑色短柔毛;苞片线状披针形,上部的长6毫米,下部的长12毫米,密被开展白色长柔毛和黄色短柔毛;花长11～17毫米;花梗长约1毫米;花萼膜质,几透明,筒状,长11～14毫米,宽3～5毫米,密被开展黄色和白色长柔毛并杂生黑色短柔毛,萼齿线状披针形,长约6毫米;花冠黄色,旗瓣长11～17毫米,瓣片宽倒卵形,外展,中部宽10毫米,先端微凹或截形,瓣柄与瓣片近等长,翼瓣长约13毫米,瓣长圆形,先端圆形,瓣柄长7毫米,龙骨瓣长11毫米,喙长约1毫米或稍长;子房密被贴伏黄色和白色柔毛,具短柄,胚珠12～13个。荚果草质,长圆形,膨胀,长12～15毫米,宽4～5毫米先端具弯曲的喙,密被黑色短柔毛;果梗长约2毫米。

生物学特性 4月下旬至5月中旬返青，5月底进入分枝始期，6月下旬至8月初为花期，8月中下旬种子成熟，9月中下旬枯黄。黄花棘豆中型株单株结荚200个左右，大型株700~1500个。单荚种子数4~8粒，多者10粒。一株黄花棘豆每年可繁殖种子数千粒，大型株的甚至超过万粒。其生长地的土壤中种子贮量也颇为可观，据实地调查为2055~5010万粒/公顷。

黄花棘豆防治历 （以西藏藏族自治区为例）

时间	物候期	防治方法	要点说明
4—5月	苗期	物理防治：人工挖除。清除后及时补播适合当地气候条件的优良牧草	在草地植被稀少或严重沙化的草场，人工挖除黄花棘豆可进一步加重草场沙化，此时禁止挖除
5—8月	营养期至盛花期	物理防治：将盛花期的棘豆收割青贮，制成家畜饲料，以用代防	将盛花期的棘豆收割后铡成2~3厘米的草段，在无毒塑料袋或青贮窖中青贮2~3个月，作为家畜饲料
		化学防治：喷施除草剂，如氟乐灵、乙苯胺、百草枯	选择无风或微风晴好天气作业。这类除草剂会误伤其他牧草，喷施时需根据分布程序选择点喷或条喷方式。农药使用应符合《农药管理条例》和NY/T 1276—2007的规定
		生态防治：将棘豆危害草场按密度高低划分为3个区，划区轮牧。高密度区（100株/平方米以上）进行化学防治等方法灭除，或进行围栏封育优质牧草。低密度区（10~100株/平方米）放牧，无棘豆区（10株/平方米以下）排毒	建立轮牧的关键是要有足够的基本无棘豆生长区，羊群可以在此区排除体内的毒物，恢复受损组织

（查干）

10 小花棘豆
Oxytropis glabra

分布与危害 主要分布在内蒙古、山西、甘肃、青海、新疆、西藏等地。在内蒙古主要发生在阿拉善盟、鄂尔多斯市、巴彦淖尔市等地,在新疆主要发生在塔里木河流域两岸;生于海拔440～3400米、降水量少、光照强的干旱荒漠草原、沙漠地区、滩地草场、河谷铁阶地、冲积川地及盐土草滩,尤喜欢丘边缘的倾斜地带。一般情况下,小花棘豆因有不良气味家畜不愿采食,但当优良牧草稀疏,而小花棘豆生长茂盛时,家畜因饥饿迫食、误食而中毒。另外,从外地引入的牲畜容易采食中毒。当采食一定量时,家畜营养状况开始下降,被毛粗乱无光,精神沉郁少食或停食,对外界反应冷漠,仰头缩颈,中期过度兴奋,严重者导致死亡。在新疆塔里木河两岸,由于气候和超载过牧等原因,优良牧草被大量啃食而不能正常生长繁殖,为小花棘豆的生长创造了空间条件,形成单一优势种群,虽然一定程度上起到了固沙的作用,但在极端气候条件下,小花棘豆的抗逆性差,易大片衰退,加重水土流失。

主要形态特征 豆科棘豆属,多年生草本植物。高20～80厘米。根细而直伸。茎分枝多,直立或铺散。长30～70厘米,无毛或疏被短柔毛,绿色。羽状复叶长5～15厘米;托叶草质,卵形或披针状卵形,彼此分离或于基部合生,长5～10毫米,无毛或微被柔毛;叶轴疏被开展或贴伏短柔毛;小叶11～19毫米,披针形或卵状披针形,长5～25毫米,宽3～7毫米,先端尖或钝,基部宽楔形或圆形,上面无毛,下面微被贴伏柔毛。多花组成稀疏总状花序,长4～7厘米;总花梗长5～12厘米,通常较叶长,被开展的白色短柔毛;苞片膜质,狭披针形,长约2毫米,先端尖,疏被柔毛;花长6～8毫米;花梗长1毫米;花萼钟形,长42毫米,被贴伏白色短

小花棘豆居群(吴建国提供)

柔毛，有时混生少量黑色短柔毛，萼齿披针状锥形，长1.5～2毫米；花冠淡紫色或蓝紫色，旗瓣长7～8毫米，瓣片圆形，先端微缺，翼瓣长6～7毫米，先端全缘，龙骨瓣长5～6毫米，喙长0.25～0.5毫米；子房疏被长柔毛。荚果膜质，长圆形，膨胀，下垂，长10～20毫米，宽3～5毫米，腹缝具深沟，背部圆形，疏被贴伏白色短柔毛或混生黑、白柔毛，后期无毛，1室；果梗长1～2.5毫米。

生物学特性 小花棘豆具有细长而扩展的分枝茎，呈放射状匍匐生长，茎末端上升，枝条数一般为20～40条，3月下旬发芽，成年植株4月初返青。花期6—9月，果期7—9月，8—9月种子成熟。棘豆种子在草原土壤中贮存量很大，为400～4300粒/平方米，当气候条件适宜时又会重新繁殖蔓延。

小花棘豆防治历 （以新疆维吾尔自治区为例）

时间	物候期	防治方法	要点说明
4—5月	苗期	物理防治：人工挖除。清除后及时补播适合当地气候条件的优良牧草	在草地植被稀少或严重沙化的草场，人工挖除小花棘豆可进一步加重草场沙化，此时禁止挖除
5—8月	营养期至盛花期	物理防治：将盛花期的棘豆收割青贮，制成家畜饲料，以用代防	将盛花期的棘豆收割后铡成2～3厘米的草段，在无毒塑料袋或青贮窖中青贮2～3个月，作为家畜饲料
		化学防治：喷施除草剂，如氟乐灵、乙苯胺、百草枯	选择无风或微风晴好天气作业。这类除草剂会误伤其他牧草，喷施时需根据分布程序选择点喷或条喷方式。农药使用应符合《农药管理条例》和NY/T 1276—2007的规定
		生态防治：将棘豆危害草场按密度高低划分为3个区，划区轮牧。高密度区（100株/平方米以上）进行化学防治等方法灭除，或进行围栏封育优质牧草。低密度区（10～100株/平方米）放牧，无棘豆区（10株/平方米以下）排毒	建立轮牧的关键是要有足够的基本无棘豆生长区，羊群可以在此区排除体内的毒物，恢复受损组织

（查干，李璇）

11 苦豆子
Sophora alopecuroides

分布与危害 主要分布于内蒙古、山西、陕西、宁夏、甘肃、青海、新疆、河南、西藏等地,多生于干旱沙漠和草原边缘地带。全草有毒,内含大量生物碱,在秋冬季缺乏青饲料时,牲畜常因饥饿贪食,轻者消化不良,重者痉挛,食入占体重2%的苦豆子即能引起死亡。

主要形态特征 豆科苦参属,多年生草本或基部木质化亚灌木,枝多成帚状。羽状复叶,互生,叶柄长1~2厘米,托叶生于小叶柄的侧面,长约5毫米;小叶7~13对,椭圆形,长1.5~3厘米,宽7~10毫米,叶两面及叶轴均被绢毛,顶端小叶较小,带革质,先端钝,基部近圆,托叶小,钻形,宿存。总状花序顶生,长12~15厘米;花密生;萼钟状,长约8毫米,萼齿短三角状,密生平贴绢毛;花冠蝶形,黄色,较萼长2~3倍,旗瓣先端

苦豆子植株(李璇提供)

微凹，基部渐窄或具爪，翼瓣具耳；雄蕊10，花丝不同程度联合，有时近两体雄蕊，联合部分疏被极短毛。荚果串珠状，长8～13厘米，密生短细而伏的绢毛。种子多数，稍扁，褐色或黄褐色，卵球形。

生物学特性　耐盐碱，耐干旱，抗风蚀。根茎横生，韧性大，茎木质化。其地上部分春天长出、开花、结籽，冬天枯死。每年于4月开始萌芽，花期5—6月，果期8—10月。除用种子繁殖外，当年生枝条冬季枯死，翌年在根茎各节由地下芽发生数条新根，经多年繁殖后，可大面积或连片丛生，自然更生能力强。

苦豆子防治历 （以新疆维吾尔自治区为例）

时间	物候期	防治方法	要点说明
4—5月	苗期	生物防治：在水土较好的草原区，如果苦豆子大面积高密度发生时，盖度大于60%时，通过种植沙打旺、紫花苜蓿等优势牧草品种来占领苦豆子的生存空间	需种植本地优势牧草品种
4—5月	苗期	化学防治：在盖度大于80%的高密度区，对苦豆子的子叶期幼苗、一叶期幼苗、二叶期幼苗、三叶期幼苗、四叶期幼苗喷施2,4-D丁酯溶液。在生长相对集中且分布面积较小的地区，尤其是在畜舍、居民点、饮水点附近生长的苦豆子为避免牲畜采食，可采用人工刈割或挖除	苦豆子已被列为我国北方荒漠区沙漠盐碱地重要的固沙植物、药用植物资源，因此在沙漠区、荒漠区不建议防除
8—10月	果期	物理防治：在种子成熟期，收割植株制药，以用代防	

（孙学涛）

12 藜芦
Veratrum nigrum

分布与危害 主要分布于我国东北、河北、山东、河南、山西、陕西、内蒙古、甘肃、湖北、四川、贵州和新疆，生于海拔1200～3300米的山坡林下或草丛中。全草有毒，根和茎毒性最强，内含介藜芦生物碱和西藜芦生物碱。家畜误食后呕吐，呼吸困难，痉挛，腹胀，腹泻，后期全身衰竭、抽搐，严重者可致死。

主要形态特征 藜芦科藜芦属，多年生草本植物。植株高1～1.5米，下部连叶鞘直径2～3厘米，基部具无网眼的纤维束。叶在茎下部的较大，宽卵状椭圆形，长约20厘米，宽10～16厘米，先端钝活渐尖，背面密生微柔毛，向上逐渐变小成披针形。圆锥花序通常长30厘米，具多数近等长的侧生总状花序，每一侧生花序常再次分枝，总轴和枝轴密生灰色柔毛；花密生，黄绿色；花被片狭椭圆形，长11～12毫米，宽4.5毫米，先端略尖或钝；花梗短于小苞片，长1～2毫米，生柔毛；雄蕊长为花被片的1/2～3/5，蒴果。

藜芦（吴建国提供）

生物学特性 藜芦多生长在山地草甸草地，山地林下阴湿处，常成片聚生。藜芦花期7—8月，果熟期8—9月。藜芦具有较高的医药功能，其根及根状茎具辛、苦、寒，有毒，可用于治疗中风、癫痫、疟疾、跌打损伤等。

藜芦防治历 （以新疆维吾尔自治区为例）

时间	物候期	防治方法	要点说明
4—7月	苗期	物理防治：藜芦一般属于伴生种，在未达到高密度成片分布时，不用防治。当高密度发生盖度达到50%，可在幼苗期采用人工挖除法，连根挖除后植株可回收利用	
		化学防治：在枝叶幼嫩时，点喷高效氟吡甲禾灵。为增加除草剂的附着性、渗透性，提高除草效果，可添加助剂有机硅	进行二次扫残补喷。选择无风或微风晴好天气作业，防治区域避开水源地，喷药后禁牧15天。农药使用应符合《农药管理条例》和NY/T 1276—2007的规定
		综合防治：危害度低于15%的草地，采用人工挖除；危害度16%～50%的草地，采用"刈割+补播"防治模式；危害度50%～80%的草地，采用"生物防治+化学防治"模式，即先采取人工补播豆科牧草，待成苗后，选用除草剂（复配）进行化学防治；危害度大于80%的草地，采用"物理防治+生物防治"模式，即采取条带式耕翻，并补播多年生牧草	对高密度发生区域建议围栏封育，禁止家畜进入误食中毒，连续三年刈割，补播优质牧草如红豆草或紫花苜蓿等
7—9月	花期至果期	物理防治：藜芦花期至种子成熟前，进行刈割清穗，用于制药。每年刈割1～2次	藜芦为重要的中药材，建议采用此方法有计划进行治理

注：藜芦为重要的中药材，对该物种的治理不能灭除，而是注重生态综合防控，对危害较轻的区域做好放牧管理，对重度危害区域进行合理适度控制。

（李璇，吴建国）

13 甘肃马先蒿
Pedicularis kansuensis

分布与危害 主要分布在东北、内蒙古、新疆、甘肃、青海、四川、西藏等地。其生长在海拔1800～4000米的亚高山及高山草甸。甘肃马先蒿全草有毒,新鲜时有种特殊气味,牲畜不主动采食,但到秋冬季节,牲畜易误食,若采食过量会引起中毒,主要表现在消化系统障碍和神经系统症状。此外,甘肃马先蒿的繁殖力极其强大,大量的扩散蔓延占据牧草空间,抑制其他优良牧草生长,造成草地生产力下降,多样性降低。在新疆巴音布鲁克草原部分区域甘肃马先蒿已成为优势种,一旦遇到不适合生存条件,如干旱、低温等,有可能会使其大面积死亡,导致地表植被覆盖度显著降低,甚至裸露,造成水土流失,严重破坏草原生态环境。

主要形态特征 玄参科马先蒿属。株高可达20～50厘米,根单一,有时分枝。叶基出者柄较长,有密毛,茎生者4枚轮生,叶片矩圆形,长达3厘米,宽14毫米,羽状全裂,裂片10对左右,羽状深裂,披针形,边缘有锯齿。花序长达20～30厘米,花轮生,花冠玫红色,长15毫米,萼管状,花药包藏在盔瓣中,两两相对,药隔分离,相等而平行,基部有时具刺尖;子房2室,有胚珠多数;蒴果室背开裂,种子各式,种皮具网状、蜂窝状孔纹或条纹。蒴果斜卵状,长锐尖。

甘肃马先蒿花序(李璇提供)

生物学特性 苗期4—6月,花期6—8月,果熟期8—9月。甘肃马先蒿的种子结实率高,每株种子产量几千粒至上万粒。种子传播是其主要扩散方式,长距离扩散主要沿道路和河流,通过车辆、人员往来、牛羊转场、流水等,局部扩散主要以道路

甘肃马先蒿根系(李璇提供)

和河流为中心向周围扩散，主要传播方式为山间、路边流水、农牧活动、车辆、人员往来、地势等。甘肃马先蒿具有适应性强、寄主广泛的特点，常以集群分布的方式，短期内可在草地生态系统中迅速蔓延，表现出极强的入侵性，为典型的入侵性本地种或称之为本地扩张种。

甘肃马先蒿防治历（以新疆维吾尔自治区为例）

时间	物候期	防治方法	要点说明
4—9月	苗期至果期	综合防治：危害度低于15%的草地，通过补播牧草生物抑制甘肃马先蒿的扩散；危害度16%～50%的草地，采用"化学防治+物理防治"模式，即先喷除草剂进行化学防治，然后于甘肃马先蒿草种子成熟前进行刈割处理；危害度50%～80%的草地，采用"生物防治+化学防治"模式，即先采取人工补播优势禾本科牧草，待成苗后，选用除草剂（复配）进行化学防治；危害度大于80%的草地，采用"物理防治+生物防治"模式，即采取条带式耕翻，并补播多年生牧草进行防控；在水源涵养地等禁牧区采用"围栏封育+物理防除+补播优质牧草"模式，即对遭受马先蒿危害草原区围栏封育，于苗期（4—6月）人工拔除马先蒿，补播披碱草、野豌豆、耐寒苜蓿等优质牧草。在非禁牧区，采取"化学防控+补播优质牧草"模式，在苗期至现蕾期喷施21%氯氨吡啶酸水剂，喷施14天后检验防除效果，进行扫残防除，补播优质牧草种子	喷药时，注意选择晴朗无风天气进行，喷药时应均匀周到。超低容量喷雾时，应远离农田、打草场，防止雾滴飘移到农作物上。在施药区应插上明显的警示牌，避免造成人、畜中毒或其他意外。农药使用应符合《农药管理条例》和NY/T 1276—2007的规定

（李璇，吴建国）

14 白喉乌头
Aconitum leucostomum

分布与危害 主要分布于新疆、甘肃、内蒙古、山西等地，生长在海拔1400～2550米间的山地草坡或山谷沟边。近些年由于过度放牧，新疆天山、阿尔泰山草原白喉乌头呈大量滋生趋势，其繁殖生长压制了其他优良牧草的生长，降低草场的生产力，还可通过化感毒性，直接或者间接对草原生态系统其他植物产生有害作用，其次会产生二萜生物碱类物质，牲畜误食易中毒。

主要形态特征 毛茛科乌头属，多年生草本植物。茎高50～150厘米，中部以下疏被反曲的短柔毛或几无毛，上部有开展的腺毛。基生叶约1枚，与茎下部叶具长柄；叶片形状与高乌头极为相似，长约14厘米，宽达18厘米，表面无毛或几无毛，背面疏被短曲毛；叶柄长20～30厘米。总状花序长20～45厘米，有多数密集的花；轴和花梗密被开展的淡黄色短腺毛；基部苞片三裂，其他苞片线形，比花梗长或近等长，长达3厘米；花梗长1～3厘米，中部以上的近向上直展；小苞片生花梗中部或下部，狭线形或丝形，萼片淡蓝紫色，下部带白色，外面被短柔毛，上萼片圆筒形，高1.5～2.4厘米，外缘在中部缢缩，然后向外下方斜展，下缘长0.9～1.5厘米；花瓣无毛，距比唇长，稍拳卷；雄蕊无毛，花丝全缘；蓇葖长1～1.2厘米；种子倒卵形，有不明显3纵棱，生横狭翅。

白喉乌头花序（李璇提供）

生物学特性 4月下旬—5月上旬进入返青期，5月中旬—6月中旬为营养期，6月下旬—7月中旬花期，7月下旬—8月上旬为结实期，8月中旬—8月下旬进入果熟期，9月开始随着气温下降，白喉乌头地上部分开始枯黄死亡，整个生育期可达150～160天。白喉乌头返青后，根基部萌生芽逐渐生长，形成株丛，随当地气温、降雨的变化，生长速度在初期较慢，而后加快,至8月下旬生长基本停止,整个生长发育期内,白喉乌头经历缓慢增长、加速增长和衰退三个生长阶段。白喉乌头可以通过种子繁殖,也可进行无性繁殖,无性繁殖能力较强。返青时首先在残存的老根上部萌生许多新的生长点并逐步发展成完整株丛。随着生长年限的延长,在其离地表附近横走的侧根上又萌生出新的生长点,不断向四周扩展。白喉乌头根系发达具有较强的耐寒性和耐郁蔽能力。

白喉乌头花序(李璇提供)

白喉乌头果实(李璇提供)

白喉乌头防治历 （以新疆维吾尔自治区为例）

时间	物候期	防治方法	要点说明
4—5月	苗期	物理防治:人工挖除回收,回填	此法较适宜于小面积发生的情况,全株可回收制药
5—7月	营养期	化学防治:使用21%氯氨吡啶酸,每亩20毫升,稀释400～600倍液,在苗期进行人工点喷,根据白喉乌头的盖度、叶片大小的情调整喷液量	喷药时,注意选择晴朗无风天气进行,喷药时应均匀周到。超低容量喷雾时,应远离农田、打草场,防止雾滴飘移到农作物上。在施药区应插上明显的警示牌,避免造成人、畜中毒或其他意外。农药使用应符合《农药管理条例》和NY/T 1276—2007的规定
7—8月	花期至果期	物理防治:在果期前刈割,将刈割残株收集集中处理。9月对遭受白喉乌头严重区域补播当地优质牧草种子	

(李璇,徐震霆)

15 黄花刺茄

Solanum rostratum

分布与危害 主要分布在吉林、河北、北京、山西、新疆、内蒙古等地，主要生长在农田和荒漠草原，以抢占其他植物的阳光、养料、土壤、水分作为自己生存的基础，适应能力和繁殖能力强，造成生物多样性下降，从而影响入侵地生产和生态平衡。黄花刺茄全株具有刺，根、茎和叶还有茄碱，可以通过直接和间接的方式来影响畜牧业发展。此外，黄花刺茄是马铃薯甲虫等多种害虫的寄主植物，这些害虫可随黄花刺茄的扩散而进行传播，在新的生境中危害草场或抑制其他物种的生长，破坏入侵地的生态系统。

主要形态特征 茄科茄属，一年生入侵草本植物，又名刺萼龙葵。植株高20～60厘米，整个植株除了花瓣外，皆被有锥状刺，刺长0.3～1厘米。茎分支多在中上部，直立，基部稍木质化。叶互生，叶片卵形或椭圆形，深裂，裂叶后有两小叶，无托叶，中脉具刺，羽状裂叶长7.5～13.5厘米，宽6～12厘米。叶柄长33厘米，密被刺。总状花序，由于花轴与茎结合，花序生于叶腋之外。花柄长0.8～1.2厘米，花柱长1.5～1.6厘米。黄花刺茄萼片宿存增大，包被果实。浆果球形，绿色，直径1.0～1.2厘米，种子不规则圆形，长2.5毫米，宽2毫米，厚扁平状，黑色或深褐色。

生物学特性 每年4月下旬种子开始萌芽，5月下旬—7月中旬为花期，7—8月为果熟期，

黄花刺茄单花（李璇提供）

黄花刺茄果实（李璇提供）

9月末—10月初植株萎蔫枯死,整个生长期为150天。正常植株可生20～30枝花序,每个花序能开10～20朵花。在种子成熟时,植株主茎近地面处断裂,断裂的植株像风滚草一样地滚动,果实通过风、水流或刺萼扎入动物皮毛及人的衣服等方式传播。

黄花刺茄单花(李璇提供)

黄花刺茄单叶(李璇提供)

黄花刺茄防治历 (以新疆维吾尔自治区为例)

时间	物候期	防治方法	要点说明
4—5月	苗期	物理防治:人工拔除回收,补播适宜当地的优质牧草	此法较适宜于小面积发生的情况
		化学防治:用21%氯氨吡啶酸水剂30～35毫升/亩,点喷。补播优质牧草种子。喷施14天后进行扫残补喷	喷药时,注意选择晴朗无风天气进行,喷药时应均匀周到。超低容量喷雾时,应远离农田、打草场,防止雾滴飘移到农作物上。在施药区应插上明显的警示牌,避免造成人、畜中毒或其他意外。农药使用应符合《农药管理条例》和NY/T 1276—2007的规定
5—8月	花期至果期	物理防治:在花期至结籽前,人工刈割,将刈割残株收集集中处理	

(李璇)

16 瑞香狼毒

Stellera chamaejasme

分布与危害 主要分布于黑龙江、吉林、辽宁、河北、内蒙古、甘肃、青海、宁夏、西藏等地的山地草甸、高寒草甸、温性草原。适生海拔1800～4000米,多生长于山地草坡的阳坡、河滩台地、灌丛旁。全株有毒,根部毒性最大,花粉剧毒。有毒成分为异狼毒素、狼毒素、新狼毒素、甲基狼毒素等黄酮类化合物,主要毒性成分为异狼毒素。牲畜一般不会采食,在春季草原返青时因贪青、无草可食会采食,大量采食会中毒死亡。瑞香狼毒在退化草地上滋生和蔓延,导致草地优质牧草种类和数量减少,草地生产力下降,影响草地畜牧业的可持续发展,被列为我国天然草地重点防控毒害草之一。

主要形态特征 瑞香科瑞香属,多年生草本植物。高20～50厘米,根木质,圆柱状,不分枝,表面棕黄色。茎多数丛生,直立,细柱状,不分枝,绿色。叶散生,稀对生或近轮生,狭卵形至圆状披针形,长12～28毫米,宽3～10毫米,先端渐尖,基部圆形或契形,上面绿色,下面灰绿色,边缘全缘,两面无毛,不反卷,中脉在上面扁平,下面隆起,侧脉4～6对,第二对直伸直达叶片的2/3,叶柄短,基部具关节,上面扁平或微具浅沟。头状花序顶生,花密集;花萼呈花冠,花被形成花萼筒,花萼裂片常5片,开放后花萼裂片内侧白或浅黄色,外侧白色、黄色、浅粉色、浅紫红色或粉色;果实小坚果,长5毫米,直径2毫

瑞香狼毒花(孙学涛提供)

瑞香狼毒(马崇勇提供)

米，上部或顶部有灰白色柔毛，为宿存的花萼筒所包围，种皮膜质，淡紫色。

生物学特性 生育期较草原上其他物种开始的较早，一般在春季回温时立刻返青，盛夏前就已经完成整个生命周期，结实后进行夏眠。花期4—6月，入开花期，每花序以20～30朵居多。在每个头状花序中，由外向内依次开放，每个花序中从第一朵花开放到最后一朵花开放大约5～11天，自开花到结实全过程约需17～21天。访花昆虫主要为蝶蛾类、瓢虫、椿象，花序周围或植株上还有蜘蛛爬动。此外，瑞香狼毒的花具自交不亲和性，可以同时接受本地或入侵传粉昆虫的授粉，因此提高了瑞香狼毒的基因多样性，帮助其更好地在新生境中繁殖扩散。在自然状态下，瑞香狼毒是靠种子进行繁殖的植物，结实率较高。

瑞香狼毒防治历 （以新疆维吾尔自治区为例）

防治时间	物候期	防治方法	要点说明
4—6月	花期	物理防治：人工割除或拔除。原地补播一些速生优良牧草	此法较适宜于早期或小规模防治
		化学防治：点喷2,4-D丁酯或狼毒净（70毫升/亩效果最佳）	喷药时，注意选择晴朗无风天气进行。施药时要始终处于上风位置。喷药时建议点喷，尽可能避免喷到其他牧草上。农药使用应符合《农药管理条例》和NY/T 1276—2007的规定
4—9月	全生育期	物理防治：划区轮牧，放牧时避开瑞香狼毒分布草场。另外以用代防，人工采集用于制药、造纸等	

（李璇，徐震霆）

17 天山假狼毒

Diarthron tianschanicum

分布与危害 主要分布在新疆伊犁地区的昭苏县和特克斯县,生于海拔1700~2000米的山地草原和草甸草原。全株有毒,成株含有狼毒素、异狼毒素等黄酮类化合物,早春家畜误食易引起中毒。大量繁衍对草地优势种构成威胁,致使天然草地的生产能力下降,尤其是在高寒草甸草地,生态系统极为脆弱,一经破坏在短期内很难恢复。

主要形态特征 瑞香科草瑞香属,多年生草本植物。高15~30厘米。根茎木质,黄褐色或淡褐色。茎直立,10~20条自基部发出,不分枝,草质或近基部稍木质,绿色。叶散生,草质,长圆状椭圆形至长椭圆形,长1.4~2厘米,顶端急尖或稍渐尖,基部宽楔形,边缘全缘,不反卷或有时微反卷;花淡粉红色,多花组成头状或短穗状花序,顶生,无苞片;花梗短,花萼筒呈漏斗状圆筒形,长0.9~1.2厘米,柱头球形。坚果绿色,包藏于宿存的花萼筒基部,椭圆形。

天山假狼毒单株(李璇提供)

天山假狼毒花序(李璇提供)

生物学特性 4月下旬—5月底为现蕾期,4月下旬为现蕾初期,5月中下旬为现蕾盛期,蕾苞形成,少数花开。天山假狼毒蕾苞呈现深桃红色,花盛开时,花冠呈现白色,底部为桃红色。5月中旬—7月上旬为天山假狼毒的花期,5月中旬为初花期,6月上中旬为盛花期,7月中旬花末期,叶片变为棕红色。7月下旬—8月上旬天山假狼毒地上部分开始衰老。9月上旬叶片开始干枯脱落，9月下旬地上部分植株干枯。天山假狼毒的繁殖主要依靠有性繁殖。其在草地的大量出现，是草地植被长期逆向演替的结果，具有较强的结实、再生能力，竞争能力较强，存在异株克生现象。

天山假狼毒根系（李璇提供）

天山假狼毒叶序（李璇提供）

天山假狼毒防治历 （以新疆维吾尔自治区为例）

时间	物候期	防治方法	要点说明
4—5月	现蕾期	物理防治：小面积发生时人工挖除。须连根挖出，将草坯回填原处。也可多次刈割，削弱营养更新，使得越冬能力和繁殖能力有所下降	在密度高的区域，挖除后要对地面进行平整，补播优良牧草
4—5月	现蕾期	化学防治：使用21%氯氨吡啶酸，60毫升/亩，稀释400～600倍液；或使用0.27克/毫升三氯吡氧乙酸丁氧基乙酯·氯氨吡啶酸钾盐水乳剂，以400毫升/亩进行人工点喷，可添加除草剂助剂甲基化植物油进行增效	喷药时，注意选择晴朗无风天气进行。喷药时建议点喷，尽可能避免喷到其他牧草上。喷药后严禁牲畜进场，防止中毒事件。根据天山假狼毒的盖度、密度调整喷液量。农药使用应符合《农药管理条例》和NY/T 1276—2007的规定
7月中旬—8月	果熟期	物理防治：在结籽前，人工刈割，将刈割掉落的残株收集后集中处理，避免种子落地	

（李璇，徐震霆）

参考文献

陈卫民, 徐林林, 陈涛, 等. 天山假狼毒生物学特性观察[J]. 杂草学报, 2017, 35(4): 1-7.

邓利, 谢丽, 何雯, 等. 小花棘豆防除方法的研究进展[J]. 新疆畜牧业, 2015(2): 10-12.

邓贞贞, 白加德, 赵彩云, 等. 外来植物豚草入侵机制[J]. 草业科学, 2015, 32(1): 54-63.

董合干, 周明冬, 刘忠权, 等. 豚草和三裂叶豚草在新疆伊犁河谷的入侵及扩散特征[J]. 干旱区资源与环境, 2017, 31(11): 175-180.

董河鱼. 外来入侵植物黄花刺茄研究文献统计分析[J]. 内蒙古师范大学学报(哲学社会科学版), 2015, 44(4): 167-168+171.

方玉平. 除草剂对草原毒害草白喉乌头的药效及对牧草安全性的影响[J]. 湖北畜牧兽医, 2020, 41(4): 11-12.

高晓原, 贝盏临, 雷茜, 等. 宁夏苦豆子资源基本情况及综合开发现状[J]. 中国野生植物资源, 2009, 28(2): 17-20.

郭丽珠, 王堃. 瑞香狼毒生物学生态学研究进展[J]. 草地学报, 2018, 26(3): 525-532.

纪亚君. 醉马芨芨草的研究进展[J]. 安徽农业科学, 2009, 37(5): 2154-2156+2169.

李林霞, 于红妍. 3种药剂防除黄帚橐吾药效及药害分析[J]. 畜牧与饲料科学, 2018, 39(8): 50-53.

梁巧玲, 陆平, 洪智强. 豚草在伊犁河谷的发生现状及生物学特性观察[J]. 中国植保导刊, 2015, 35(8): 67-68.

邱娟, 地里努尔·沙里木, 谭敦炎. 入侵植物黄花刺茄在新疆不同生境中的繁殖特性[J]. 生物多样性, 2013, 21(5): 590-600.

史志诚, 尉亚辉. 中国草地重要有毒植物[M]. 北京: 中国农业出版社, 1997.

万方浩, 刘万学, 郭建英, 等. 外来植物紫茎泽兰的入侵机理与控制策略研究进展[J]. 中国科学: 生命科学, 2011, 41(1): 13-21.

王建军, 赵宝玉, 李明涛, 等. 生态入侵植物豚草及其综合防治[J]. 草业科学, 2006(4): 71-75.

王坤芳, 纪明山, 李彦, 等. 少花蒺藜草种子萌发及幼苗生长特性初探[J]. 江西农业大学学报, 2015, 37(6): 999-1004.

王坤芳, 纪明山. 几种除草剂对入侵生物少花蒺藜草的防治效果[J]. 生物安全学报, 2013, 22(1): 38-42.

王庆海, 李翠, 庞卓, 等. 中国草地主要有毒植物及其防控技术[J]. 草地学报, 2013, 21(5): 831-841.

王帅, 张玲, 陈根元, 等. 小花棘豆生态学研究概况[J]. 家畜生态学报, 2014, 35(3): 85-88.

王卫, 张鲜花, 安沙舟, 等. 新疆伊犁天然草地白喉乌头种群分布格局[J]. 草业科学, 2014, 31(3): 484−487.

王文香, 桑格吉, 李莉. 新疆巴音布鲁克草原毒害草马先蒿防治技术研究[J]. 草食家畜, 2009(2): 49−50.

王志鹏, 张兆杰, 花立民. 不同放牧强度对高寒草甸有毒植物多样性的影响[J]. 草原与草坪, 2019, 39(5): 75−81.

王志西, 刘祥君, 高亦珂, 等. 豚草和三裂叶豚草种子休眠规律研究[J]. 植物研究, 1999(2): 39−44.

尉亚辉, 赵宝玉. 中国天然草原毒害草综合防控技术[M]. 北京: 中国农业出版社, 2016.

吾甫尔江. 昆仑山北坡亚高山草原带有毒植物黄花棘豆的化学防治试验[J]. 新疆畜牧业, 1995(3): 32−33.

吴昌顺. 甘南草原黄花棘豆防治途径[J]. 种子科技, 2019, 37(11): 89+92.

张睿涵, 郭亚洲, 达能太, 等. 天然草地醉马芨芨草分布、毒性及防治利用研究进展[J]. 中国草地学报, 2017, 39(3): 96−102.

章振东, 徐德昌. 狼毒大戟的研究进展[J]. 中国甜菜糖业, 2007(4): 26−28.

病害

01 苜蓿霜霉病

分布与危害 苜蓿霜霉病广泛分布于我国从绿洲到草原的不同海拔地区的紫花苜蓿种植区,严重影响着我国紫花苜蓿的产量和质量。甘肃苜蓿主产区,苜蓿霜霉病病株的产量明显下降,单株重只有健康植株的51.7%,种子产量也受到显著影响,病株生殖枝数和生殖枝的花数分别为健康植株的42.2%和59.3%。新疆阿勒泰地区苜蓿霜霉病发病率高达79%～100%,在高发频发霜霉病的影响下,苜蓿种群密度不断下降,在建植数年之内,单位面积的株数减少84%,苜蓿的产草量和质量以及种子产量大幅度下降,严重降低了草地的利用价值。该病原物寄生于紫花苜蓿、黄花苜蓿、南苜蓿、镰荚苜蓿、天蓝苜蓿等苜蓿属植物上。

病原物 该病的病原为三叶草霜霉菌(*Peronospora trifoliorum*)。孢囊梗单生或丛生,淡褐色,自气孔伸出,大小128～424微米×6～12微米,平均238×9微米;主干直立,基部膨大,长72～288微米,平均149微米;上部二叉状分枝4～8次,呈锐角,末枝直角分枝,呈圆锥状,稍弯曲,渐尖,3～20微米;孢子囊淡褐色至褐色,长椭圆形,长卵圆形或球形,16～30微米×16～22微米,平均25微米×19微米。藏卵器壁厚、光滑,近球形,黄褐色,36～44微米;卵孢子壁厚、多光滑,球形,黄褐色,24～34微米,多发现于枯死后的叶片组织内。

症状 苜蓿霜霉菌主要危害苜蓿叶片和嫩茎,也可危害全株形成系统侵染。苜蓿染病后叶片上出现不规则形状、边缘不清晰的小褪绿斑,黄绿色或淡绿色。随着

苜蓿霜霉病(于良斌提供)

病情发展,病斑扩大汇合以致整个叶片呈现黄绿色,叶缘向叶背卷曲。潮湿时叶片背面出现浅紫色或灰白色霉层,即苜蓿霜霉菌的孢囊梗和孢子囊,有些苜蓿品种感病植株表现出系统侵染的症状植株矮化,株高只有正常植株的1/2～1/3。发病严重植株,病株全部褪绿呈黄白色或淡绿色、茎短粗、扭曲畸形形成花序或发育不良,落花落荚,生产能力降低,甚至枝条坏死腐烂,植株死亡。

苜蓿霜霉病田间症状(于良斌提供)

发生规律 病原菌以菌丝体在系统侵染的病株地下器官越冬,或以卵孢子在病株体内越冬,次年春天产生孢子囊对萌发的新株进行侵染。卵孢子混入种子,可远距离传播。田间孢子囊随风、雨水传播,条件有利时,5天即可形成一个侵染循环。一般有两个发病高峰期,分别在春秋的冷凉日子里,而在夏季炎热条件下,发病有减轻的趋势。该病多发生于温凉潮湿、雨、雾、结露的气候条件下。

苜蓿霜霉病防治历 (以内蒙古自治区为例)

时间	防治方法	要点说明
4—5月	及时清理发病的苜蓿植株,减少初侵染源	发病植株特征:返青后的植株上所有叶片泛黄,部分叶片的基部变黄而其余部分绿色,比其他植株明显矮小,后叶片卷曲、干枯,叶片背面有灰白色霉层
	适量增施磷、钾肥,以提高植株抗病性	
6—10月	及时排涝,防止田间积水,改善人工草地草层通风透光条件,降低草层中空气相对湿度	
	在气候条件利于发病时,提早收割头茬苜蓿,以减少发病和降低损失,同时也可减轻下茬苜蓿发病	
	化学防治:65%代森锌400～600倍液、70%代森锰600～800倍液、65%福美铁300～500倍液、50%灭菌丹500～600倍液、25%瑞毒霉可湿性粉500～800倍液、乙磷铝40%可湿性粉300～400倍液。以上药剂在发病期间应7～10天喷施一次	适用于小面积的科研地和种子田。农药使用应符合《农药管理条例》和NY/T 1276—2007的规定

(张园园,杨明秀)

02 苜蓿镰刀菌根腐病

分布与危害 苜蓿镰刀菌根腐病广泛发生于世界各地,已经成为一个引起苜蓿品质和产量明显下降的世界性苜蓿根部病害,是紫花苜蓿草地提早衰败的原因之一。我国新疆、黑龙江、内蒙古、陕西、甘肃均有发生报道。部分镰刀菌根腐病的病原菌还是农作物病原菌,因此该病害对周边的草地农业生态环境也会造成不同程度的影响,导致植物产量大减,发病严重地块甚至绝收,牧草品质严重下降,草地退化,利用年限减少,植被组成改变,草地农业系统的生产力与稳定性受到了严重影响。主要侵染紫花苜蓿、沙打旺、向日葵、马铃薯等,人工接种时可侵染冬箭筈豌豆、小冠花、春箭豌豆和豌豆。

病原物 多种镰刀菌属真菌均可侵染紫花苜蓿,引起萎蔫、根腐等症状,主要有木贼镰刀菌、变红镰刀菌、三线镰刀菌、尖孢镰刀菌和锐顶镰刀菌5种:① 木贼镰刀菌:气生菌丝为白色丝绒状;基物表面淡黄色,极少有小型分生孢子;大型分生孢子弯镰刀形,中部细胞大顶胞细长,3~7个分隔,多为5个分隔,分生孢子大小为26.3~69.7微米×2.9~5.5微米。厚垣孢子间生于菌丝之间,多数为串生球形,直径3.9~9.6微米。25℃培养4天时菌落直径4.7~5.2厘米。侵染苜蓿、三叶草属、羽扇豆、草木樨、菜豆等。② 变红镰刀菌:气生菌丝白色丝绒状,基物表面白色至淡黄色;大型分生孢子镰刀形,两端渐尖,3~5隔,大小为26.7~41.3微米×3.6~6.1微米;小型分生孢子椭圆形,无隔,大小为3.2~9.8微米×1.9~3.6微米;25℃培养4天时菌落直径4.5~5.0厘米。侵染苜蓿、三

苜蓿镰刀菌根腐病的
田间症状(张园园提供)

叶草属、沙打旺、向日葵、马铃薯等。③ 三线镰刀菌:气生菌丝丛卷毛状,基物表面中央呈黄色;气生菌丝侧生分支,大型分生孢子镰刀形,3~5隔,孢子大小为19.8~32.3微米×3.1~5.2微米;极少小型分生孢子。25℃培养4天时菌落直径4.8~5.3厘米。侵染苜蓿、三叶草属、沙打旺、向日葵、马铃薯等。④ 锐顶镰刀菌:气生菌丝茂盛棉絮状,白色至珠红色,基物表面酒红色。单瓶梗产孢,孢子量少,小型分生孢子大小为4.4~7.8微米×2.1~3.6微米;

大型分生孢子多隔，3～9个分隔，两端渐尖，大小为22.3～59.1微米×2.9～4.7微米。25℃培养4天时菌落直径4.2～4.8厘米。侵染苜蓿、三叶草属、沙打旺、向日葵、马铃薯等。⑤尖孢镰刀菌：气生菌丝绒状，白色至青紫色；基物表面由白色转紫色。小型分生孢子数量多，椭圆形或卵圆形，大小为4.8～7.9微米×2.1～3.6微米；大型分生孢子镰刀形，两端渐尖，3～5隔，孢子大小为14.8～23.2微米×2.9～5.2微米；25℃培养4天时菌落直径4.5～5.2厘米。

症状 苜蓿根部皮层出现褐色病斑至腐烂凹陷，开裂或剥脱，将根横切或纵切时，可观察到中柱变为红褐色至暗褐色。地上部分的主要症状：苗期植株萎蔫死亡，或春季不返青，或返青时芽死亡，返青后枝条未均匀分布于植株根颈四周，而在某些方位有缺失，或植株生长衰弱，枝条稀少且纤细，叶片色淡不嫩绿，或在后期生长中个别枝条萎蔫下垂，数日后干枯，萎蔫枝条上的叶片变黄枯萎，常有褐紫色变色，或全株在萎蔫数日后死亡。该病害通常为慢性病，植株不会迅速死亡。

发生规律 病原菌以菌丝或厚垣孢子在病株残体上或土壤中越冬。厚孢子在土壤中可存活5～10年。种子和粪肥也可带菌作为传播方式。根的含氮渗出物刺激厚垣孢子萌发和菌丝生长。病原菌可以直接侵入小根或通过伤口侵入主根，并在根组织内定殖，小根很快腐烂，主根或根颈部位病害发展较慢，腐烂常需数月至几年。各种不利于植株生长因素的影响，会加速病害发展，加重病害程度，如叶部病害、害虫取食、频繁刈割、干旱、早霜、严冬、缺肥、缺光照、土壤pH值偏低等。根结线虫、丝核菌和茎点霉等病原物常常伴随根腐病菌发生，使病情复杂和严重化，有时难以区分根腐病发生的真正原因或者主要原因。土壤温度介于5～30℃时，最适合此病发生。一些学者认为，干旱情况下，此病的发病率反而较高。

苜蓿镰刀菌根腐病防治历（以内蒙古自治区为例）

时间	防治方法	要点说明
4—5月	每年春季萌生前，清理田间留茬，减少初侵染源	农药使用应符合《农药管理条例》和NY/T 1276—2007的规定
	及时清理发病的苜蓿植株，降低病原物的积累与传播	
	利用杀菌剂灌根，如敌克松、恶霉灵、嘧菌酯、乙醚粉、百菌清、波尔多液等	
6—10月	及时排涝，防止田间积水，降低土壤中的相对湿度	
	增施绿肥可以有效抑制病原菌的活性	
	秋季最后一次刈割时，要留有足够的植株残茬提供苜蓿越冬时所需营养。刈割后要松土追肥，提高苜蓿抵抗力	
	土壤犁沟撒施甲霜灵、恶霉灵、百菌清等杀菌剂	适用于小面积的试验用地和种子田

（张园园）

03 苜蓿病毒病

分布与危害 苜蓿病毒病是由多种病毒引致的一类病害,其中,花叶病首次报道于1931年,现发生于世界各地。紫花苜蓿病毒病在我国各地的发病率不同,发病严重时叶和叶柄扭曲变形,植株矮化,其造成产量损失的大小与病毒株系、紫花苜蓿遗传型、温度、土壤、环境因素等有关,紫花苜蓿植株感染病毒病后生长逐渐衰弱,受冻或受旱后损失增加。紫花苜蓿花叶病毒由蚜虫从紫花苜蓿传给豌豆、番茄等其他易感植物,造成的危害也很大。除苜蓿属外,还能够引起三叶草属、野豌豆属、羽扇豆属、草木樨属及香豌豆、鹰嘴豆、豌豆、蚕豆、菜豆、豇豆等在内的51科430余种栽培或野生双子叶植物的病害。

病原物 紫花苜蓿花叶病毒(AMV)。该病毒的编码程式为R/1:1.3+1.1+0.9/18:U/U:S/AP。病毒由多成分粒体组成。长形或杆菌状的,直径18微米,长度分别为58微米(下层组分)、49微米(中层组分)、38微米(上层b组分)、29微米(上层a组分);另一种为近球形体,直径为18~20微米。单链RNA总含量为18%。该病毒的致死温度为60~65℃;稀释限点为10^{-3}~10^{-5};体外存活期2~4天。

症状 症状类型较多,其中以花叶症状为主,其次为斑驳症状等。花叶即叶片局部褪绿变黄,以黄化为主,在春秋季冷凉气候条件下多发生,而在夏季高温时较少发生,主要发生于枝条顶端的幼嫩叶片上,故在田间易观察到。斑驳为叶片上出现黄绿交替的条带,或叶脉绿色而叶肉变黄。

发生规律 苜蓿花叶病毒通过种子、蚜虫、汁液、花粉等传播,其中,种子传播可实现远

苜蓿蚜虫与病毒病共存的田间症状
(张园园提供)

距离传播。病毒在紫花苜蓿种子内至少存活10年，种子带毒率为0～10%（前南斯拉夫有报道为17%），一般为2%～4%。近距离传播主要由蚜虫、花粉及一些机具（实质为机械上粘的植物汁液）传播，其中最主要的传播途径中，棉蚜、苜蓿蚜、豆卫茅蚜、豆长管蚜、马铃薯长管蚜、桃蚜等14种蚜虫可传播此病毒病；在北美，豌豆蚜和蓝苜蓿蚜是常见的传毒蚜虫。温室研究表明，最初病毒感染率为11%，经10个月9次刈割后，病株率急剧增加到91%。植株带毒率的高低受病毒株系、紫花苜蓿遗传型和种子生产期间的环境因素等影响。

苜蓿病毒病在叶片上的症状（张园园提供）

苜蓿病毒病防治历 （以内蒙古自治区为例）

时间	防治方法
4—5月（返青期）	及时清理发病的苜蓿植株及周边杂草
	增施叶面肥，培育健壮植株，增强抗病力
6—10月	对传毒媒介进行防治，主要是苜蓿蚜虫。喷施高效低毒低残留杀虫剂，如阿维菌素、西维因、抗蚜威、高效氯氰菊酯等。2～3种药剂轮换施用，防止产生抗药性
	适当调整机械刈割时间，可以有效降低苜蓿病毒病的发生蔓延

（张园园）

04 苜蓿白粉病

分布与危害 白粉病广泛分布于世界各苜蓿种植区，在我国甘肃、新疆、陕西、贵州、云南、吉林、辽宁、内蒙古、江苏、北京、河北、四川、山西、安徽、西藏、台湾等地均有发生，干旱地区发病较普遍。苜蓿发生白粉病后可提前落叶，导致光合效率下降，呼吸强度增强，生长不良，发病严重时，可使干草产量减少50%左右，种子产量降低40%～50%，甚至造成大量死亡。病株叶片及花器脱落，草产品品质低劣，适口性变差，粗蛋白含量下降16%，消化率减少14%，种子生活力降低。此外，病草还有毒，影响家畜健康。

病原物 该病害病原菌有3种：① 豆科内丝白粉菌，分生孢子披针形，顶部渐尖，表面有小瘤，多单生于分生孢子梗上，极少串生，大小为40～80微米×12～16微米；闭囊壳埋生于菌丝体中，扁球形、直径为130～240微米；附属丝多短丝状；子囊多个，长椭圆形，基部具短柄，大型为69～90微米×24～30微米；子囊内有子囊孢子2个，椭圆形，大小为21～33微米×12～16.5微米。② 豌豆白粉菌，分生孢子长椭圆形，链生，大小为29～41.3微米×12.4～19.8微米。闭囊壳散生，球形、扁球形，直径为91～114.6微米。附属丝丝状，无色或基部浅褐色；子囊5～11个，椭圆形，有短柄，大小为57.8～74.3微米×28.9～37.2微米；子囊内有子囊孢子2～6个，椭圆形，大小为

豌豆白粉菌引起的苜蓿白粉病
（王丽丽提供）

14.5～24.8微米×8.3～12.4微米。③ 蓼白粉菌，分生孢子单生，卵圆或椭圆形，大小为30.5～43.2微米×15.2～17.8微米；闭囊壳球形或近球形，直径71～135微米；附属丝丝状，少数为不规则分枝1～2次；子囊4～6个，倒棒型或卵圆形，具柄，大小为58～90微米×29～60微米；子囊内有4～6个子囊孢子，卵圆或椭圆形，大小为21～34微米×10.5～20微米。

症状 苜蓿病株叶片的两面、茎、叶柄等部位都可能出现白色的粉层，呈现绒毡状，

发病后期白色粉层中出现淡黄、橙至黑色的小点（闭囊壳）。内丝白粉菌侵染的主要发生在叶背面，白色粉层较厚且呈毡状，闭囊壳埋生于菌丝中；豌豆白粉菌和蓼白粉菌引起的主要在叶正面发生，粉层稀疏，可见闭囊壳分布于菌丝体上。

发生规律 病原菌以闭囊壳或休眠菌丝体在苜蓿病残体或植株内越冬。次年，由子囊孢子或从越冬菌丝体产生的分生孢子进行初侵染。在发病前期，植株上产生大量分生孢子，借风力传播进行多次再侵染，亦可远距离传播引起发该病流行。发病后期形成闭囊壳。该病原菌除危害苜蓿外，还可引起黄芪、草木樨、红豆草、三叶草、鹰嘴豆等豆科植物白粉病。病害一般在7月下旬—8月上旬（新疆为6月）苜蓿生育的中后期开始发生，8月下旬—9月上旬为发病高峰期，即开始出现黑色闭囊壳，约占总病叶数的20%～30%。此病在气候干旱、高温时适于发生，发生适温为20～28℃，最适相对湿度为52%～75%，但分生孢子萌发需要高湿环境（90%～97%）。草层稠密，感病植株刈割不及时，海拔较高，昼夜温差大，多风条件也有利于此病的发生。

豆科内丝白粉菌引起的苜蓿白粉病
（王丽丽提供）

苜蓿白粉病防治历 （以新疆维吾尔自治区为例）

时间	防治方法	要点说明
4—5月	选择抗病的苜蓿品种播种	发病植株特征：返青后的植株绿色部分上有白色粉状物，面积由小变大，数量由少变多
	及时清理发病的苜蓿植株及周边杂草，减少初侵染源	
	适量增施磷、钾肥，以提高植株抗病性	
6—10月	合理灌溉，避免草丛过密、倒伏	
	在气候条件有利于发病且尚未形成闭囊壳时，提早刈割，减少菌源，减轻下茬的发病。重病苜蓿地块不宜用于收种，或轮流用于刈草和收种。收获后，入冬前清除病残体或焚烧残茬，土地深翻	
	喷施药剂，如70%甲基托1500倍液、15%三唑酮800倍液、70%锈洁1000倍液、40%灭菌丹700～1000倍液或2.5～3千克/亩胶体硫或高脂膜200倍液喷雾	适用于小面积的科研地和种子田。10天1次，连续3次。发病初期或前期采用药剂防治比后期防效好。农药使用应符合《农药管理条例》和NY/T 1276—2007的规定

（王丽丽）

05 苜蓿锈病

分布与危害 苜蓿锈病广泛分布于世界苜蓿种植区，该病害在我国陕西、山西、贵州、湖北、辽宁、吉林、内蒙古、山东、新疆、宁夏、甘肃、北京、江苏、四川、云南、西藏等地均有发生。在潮湿温暖的地方危害较大，干旱地区和北方危害较轻。苜蓿锈病影响苜蓿叶片的光合作用，增强蒸腾作用，严重时叶片可皱缩并提前脱落。重病发生时可导致苜蓿减产60%，种子减产50%，病草适口性下降。此外，发病苜蓿含有毒素，家畜食用后会导致慢性中毒。

病原物 苜蓿锈病由条纹单胞锈菌引起。夏孢子堆小，圆形，直径小于1毫米。夏孢子单胞，球形，表面有刺，黄褐色，大小为17～27微米×16～23微米。冬孢子堆小且深褐色，单胞，宽椭圆形、卵形，浅褐色至褐色，孢子上有纵行条纹，柄无色较短，易脱落，大小为17～29微米×13～24微米。该病菌为转主寄生菌，转主寄主为大戟属植物。寄主范围较广除侵染苜蓿外，还可侵染扁蓿豆、白三叶、兔足三叶、田三叶、田野三叶及鹰嘴豆等。

症状 锈病病菌可侵染植株的叶片、叶柄、茎秆及荚果，最易侵染叶片，受害叶片常皱缩、卷曲、脱落。受害叶片初期出现褪绿斑，并逐渐隆起呈疱状，病斑近圆形或椭圆形，后表皮破裂，散出棕红色或铁锈色粉末状物质，即棕色的夏孢子堆和黑褐色的冬孢子堆。

苜蓿锈病（王丽丽提供）

发病规律 病菌以冬孢子和休眠菌丝在苜蓿残体和地下器官内越冬，也可以菌丝体在大戟属植物地下部分越冬。苜蓿锈病在春夏季可以夏孢子进行多次再侵染，造成田间流行。病菌喜高温多湿，田间湿度大都可使此病迅速流行。过量施肥会造成草层稠密和倒伏而加重病害，刈割过迟也可加重此病的危害。该病多在春末夏初始发，仲夏之后盛发。

苜蓿锈病症状（王丽丽提供）

苜蓿锈病转主寄主——乳浆大戟锈病
（王丽丽提供）

苜蓿锈病防治历 （以黑龙江省为例）

时间	防治措施	要点说明
4月中旬—5月下旬	选育和使用抗病品种	按种植区域积温带选择适宜的抗病种品种
	科学施肥。增施磷、钾肥可以提高抗病性	
6—9月	通过降低田间植株郁闭度和合理排灌降低田间湿度	喷施浓度及间隔时间根据药剂种类和病情而定。农药使用应符合《农药管理条例》和NY/T 1276—2007的规定。
	发病严重的草地应尽快刈割，不宜留种	
	可使用嘧菌酯、吡唑醚菌脂、萎锈灵、粉锈宁等喷雾	

（杨明秀）

06 苜蓿匍柄霉叶斑病

分布与危害 苜蓿匍柄霉叶斑病又称苜蓿轮斑病，是苜蓿的常见病害，广泛发生于世界各苜蓿种植区，在我国新疆、山西、陕西、贵州、甘肃、宁夏、内蒙古、吉林、江苏和云南等省地均有发生。感病植株普遍提前落叶，严重时全株叶片脱落，且病害会降低苜蓿产量和品质。

病原物 该病害主要由无性世代的匍柄霉侵染引起。匍柄霉的有性世代为迟熟格孢腔菌。分生孢子梗单生或束生，直立，褐色，具2~4个横隔，顶部膨大，其上单生分生孢子。成熟的分生孢子卵圆形至宽椭圆形，淡黄褐色，大小为27~42微米×24~30微米，具较深的黄褐色纵横隔膜，横隔处明显缢缩，胞壁黄褐色，表面具微疣或小刺，基部常有一较大的孢痕。

症状 苜蓿匍柄霉叶斑病主要危害叶片，也可侵染叶柄、茎、果荚。发病叶片上出现坏死斑，病斑呈卵圆形或椭圆形，具轮纹，稍凹陷，病斑边缘暗褐色，中央为淡褐色，病斑具淡黄色晕圈。潮湿条件下，病斑表面产生大量榄褐色、灰绿色和墨色霉层。重病叶往往干枯脱落。

发病规律 该病多发生在温暖、潮湿的夏末和秋天。草层过于稠密、草地低洼阴湿、施氮肥过多时发病较重。病原真菌可以在种子和田间病株残体上越冬，成为次年初侵染源。种子带菌可以导致种子和幼苗腐烂。

苜蓿匍柄霉叶斑病（王丽丽提供）

苜蓿匍柄霉叶斑病（王丽丽提供）

苜蓿匍柄霉（王丽丽提供）

苜蓿匍柄霉叶斑病防治历 （以黑龙江省为例）

时间	防治措施	要点说明
4月中旬—5月下旬	严格把控种子质量，确保选种无病	
6—9月	发病时立即刈割	在发病期间应每隔7～10天喷施药剂1次。农药使用应符合《农药管理条例》和NY/T 1276—2007的规定
	清除田间害病残株组织	
	喷施多菌灵可湿性粉剂等化学药剂	

（杨明秀，王丽丽）

07 苜蓿黄萎病

分布与危害　苜蓿黄萎病是世界上公认的苜蓿毁灭性病害，该病菌被我国列入《中华人民共和国进境植物检疫性有害生物名录》（农业部第862号公告，2007年5月29日发布）中第276号检验对象。该病害最早于1918年发现于瑞典，1938年传入德国，二战之后在丹麦突然爆发，随后入侵荷兰、法国、英国等国家，继而向东欧、南欧扩展。1962年加拿大两个农业研究站试验地发现该病害，由于扑灭及时，病害未能定植。1976年在美国华盛顿首次报道该病原菌侵害，并发现大量感染苜蓿黄萎病植株，随后病原菌在北美广泛蔓延，次年加拿大再次发现多处病田，1986年传入日本，1998年曾报道在我国新疆发生。苜蓿黄萎病对北美地区苜蓿产业造成过巨大打击。

病原物　苜蓿轮枝菌为维管束寄生菌，菌丝无色，直径2～4微米，也产生暗色厚壁的休眠菌丝。由菌丝抽生轮状分枝的分生孢子梗。分生孢子梗有隔，基部呈暗色，有1～4个分枝轮，每个分枝轮有1～5个分枝梗，分枝梗长14～38微米，平均28微米，顶端着生无色透明的分生孢子，孢子连续产生聚集成球状。单个分生孢子椭圆形，大多数无隔，少数具1隔，大小3.5～10微米×1.5～3.5微米平均6.5微米×2.4微米。苜蓿轮枝菌在PDA平板上产生大量的气生菌丝，1周后菌丝体由白色转变为乳白色，2～3周后为乳褐色，底部零星出现黑色的休眠菌丝。另外也有白色的扇变体产生。后期产生少量黑色休眠菌丝，未发现厚垣孢子和微菌核的结构。生长温度为15～30℃，最适温为20～25℃，高温30～33℃时即停止生长。病原菌对pH值的适应性强，在pH值为5.5～11.5的范围内均能生长，最适pH值为6.5～9.5，但pH值在3.5以下

苜蓿黄萎病田间症状（张园园提供）

不能生长。

症状　发病初期叶尖出现"V"形褪绿斑，后失水变干，变干的小叶常呈现粉红色，有些也保持灰绿色，脱落，常留下变硬、褪绿的叶柄附着在绿色的茎上，一些顶部小叶片变窄，向上纵卷，但茎秆不会立即变干褪绿，可在较长时间内保持绿色，茎秆木质部变浅褐色或深褐色。根维管束变黄色、浅褐色、深褐色。

发生规律　该病菌可在已感染紫花苜蓿体内、土壤和种子中存活，并越冬，但在土壤中存活不超过1年，而在干草中可存活3年以上，带菌的种子是远距离传播的主要方式，刈割也可造成传播，蝗虫、蚜虫、食菌蝇、切叶蜂以及土壤中危害紫花苜蓿根部的线虫等都可携带并传播此病菌，气流或风也可使感病组织碎片和分生孢子传播到较远地区，绵羊取食干草后排泄的粪肥也可传播。病原菌直接或通过伤口侵入紫花苜蓿的根。灌溉的紫花苜蓿田常发生严重，而旱地紫花苜蓿发生则较轻。

苜蓿黄萎病（张园园提供）

苜蓿黄萎病防治历　（以内蒙古自治区为例）

时间	防治方法	要点说明
4—5月	选用抗黄萎病品种种子	苜蓿黄萎病为检疫性病害，若有发生，及时上报当地林草业务主管部门。农药使用应符合《农药管理条例》和NY/T 1276—2007的规定
4—5月	对带菌或可疑种子，可选用50%多菌灵可湿性粉剂500倍液浸种2小时，或用种子重量2‰的50%福美双可湿性粉剂拌种	
6—10月	施用一定比例的P/K混合肥，提高苜蓿对黄萎病的抗性水平	
6—10月	彻底铲除发病草田的全部地上植株，挖出根并销毁。深翻（深度达50厘米以下）。召回在此疫区生产的全部草料及种子，集中销毁。使用过的农机具要进行碎屑清除和消毒。选择种植小麦、玉米、油菜、油葵、高粱、亚麻、辣椒等非寄主作物，不宜种植棉花、马铃薯、啤酒花、甜菜、番茄、瓜类等作物。轮作3年以上	

（张园园）

08 沙打旺黄萎病

分布与危害 沙打旺黄萎病是一种毁灭性土传真菌病害,在我国内蒙古、辽宁、陕西等地的沙打旺主产区均有发生,播种当年发病率可达30%,2龄以上沙打旺的发病率高达90%,致使沙打旺在栽植3～5年后会出现明显的衰退现象,草地失去利用价值,栽培面积也随之缩减。该病原物广泛寄生于向日葵、马铃薯、棉花、茄子、番茄、花椰菜、胡椒、草莓、薄荷、烟草、橄榄、沙打旺、红豆草等400多种寄主植物上。

病原物 该病的病原属于半知菌类,从梗孢目淡色菌科轮枝孢属。我国目前沙打旺黄萎病病株上分离得到的病原菌只有大丽轮枝孢菌。大丽轮枝孢菌菌体初期无色,老熟后变为褐色,有隔膜。菌丝上生长直立无色的轮状分生孢子梗,一般为2～4轮生,每轮着生3～7个小枝,呈辐射状。分生孢子梗长110～130微米,无色纤细,基部略膨大呈轮状分枝,分枝大小13.7～21.4微米×2.3～9.1微米。分生孢子一般着生在分生孢子梗的顶枝和分枝顶端,分生孢子长卵圆形,单细胞子,无色或微黄,纤细基部略膨大,大小2.3～9.1微米×1.5～3.0微米。当条件不适合时,菌丝体膜加厚成为串状黑褐色的厚垣孢子(扁圆形)或膨胀成为瘤状的黑色微菌核,大小30～50微米,近球形或长条形。

沙打旺黄萎病田间症状(张园园提供)

症状 沙打旺黄萎病在田间从植株下层叶片开始呈现典型退绿或黄化的症状。随后,发病组织迅速扩大,向叶片的叶内脉间组织发展,并呈现组织坏死。最后,叶片除主脉及其两侧叶组织勉强仍保持绿色外其余组织均变为黄色,病叶皱缩变形,严重时整个叶片呈现褐色,焦脆坏死。发病后期病情逐渐向上位叶扩展,出现叶片黄化、萎蔫脱落,植株矮化,分枝减少等典型症状,最终萎蔫枯死。剖开发病植株的茎部进行观察，可见典型的维管束变褐的现象。

发生规律 病原物以微核菌在土壤中越冬，也可以菌丝体在多年生寄主根部越冬。种子带菌是远距离传播的重要途径，病干草及草粉等也是远距离传播的载体。在田间则以分生孢子借气流、水、昆虫、刈割机具等进行传播，引起再侵染。病菌由根部侵入时，很快进入寄主的维管组织内，并向地上部蔓延。该病害发病最适气温为25～28℃，低于22℃或高于33℃不利于发病，超过35℃不表现症状。黄萎病的发生与湿度也有一定的关系。当相对湿度为55%时，发病株率65%；相对湿度65%时，发病株率上升为70%。在适宜温度与高湿条件相结合的环境下，病株率会迅速增加。

沙打旺黄萎病防治历 （以内蒙古自治区为例）

时间	防治方法	要点说明
4—5月	选择抗病的沙打旺品种播种	农药使用应符合《农药管理条例》和NY/T 1276—2007的规定
	用50%多菌灵或40%茄病态或10%氟硅唑可湿性粉剂按种子量的0.5%拌种	
	返青后，及时清除田间发病的沙打旺植株并集中烧毁，以降低来年的初始菌源量	
6—10月	及时排涝，避免地块积水，降低草层中空气相对湿度	沙打旺黄萎病发病严重时，应进行合理轮作：与燕麦等禾本科牧草实行3年以上轮作，切忌与感病的寄主植物为轮作对象，特别不能与马铃薯、红豆草等植物轮作
	在保证沙打旺正常生长的前提下尽量减少浇水的频率，避免大水漫灌。施用一定比例的P/K混合肥（6∶12千克/亩）能够不同程度地提高沙打旺对黄萎病的抗性水平	
	在发病严重时，及时刈割，减少发病和降低损失	

（张园园）

09 禾本科麦角病

分布与危害 麦角病在世界各地均有分布，冷凉潮湿的地区发生较重。全球分布主要为非洲、南美洲、欧亚大陆、北美洲、大洋洲的澳大利亚5个区域。在我国广泛分布，以北方为主。该病害是禾本科牧草主要种传病害之一，导致种子减产，品质降低，而且所产生的菌核（麦角）含有多种生物碱，对人、畜危害很大。但麦角中所含的有效成分在医学上有相当的药用价值。主要寄生在黑麦、小麦、大麦、燕麦、披碱草属和鹅观草属等禾本科植物。

病原物 该病害的主要病原为麦角菌，隶属子囊菌门麦角菌科麦角菌属。菌核表面紫黑色，内部白色，香蕉状、柱状，质地坚硬，大小常因寄主而异，（2～30）毫米×3毫米。一个病穗可产生几至几十个麦角。菌核萌发产生肉色有柄子座，其柄细长，头部扁球形，直径1～2毫米，红褐色，外缘有埋生子囊壳。子囊壳烧瓶状，大小150～175微米×200～250微米。子囊细长棒状，微弯，无色透明，大小4微米×100～125微米，有侧丝，子囊内含8个子

禾本科麦角病（王丽丽提供）

囊孢子。子囊孢子丝状，无色，0.6～0.7微米×50～76微米，后期有分隔。无性世代为麦角蜜孢霉，在寄主子房内的菌丝垫中形成不规则的腔室，产生单胞无色、卵形的分生孢子，大小3.5～6微米×2.5～3微米。此外，麦角菌属内大部分种均可引起禾本科植物麦角病，导致动物中毒，例如雀稗麦角菌。

症状 此病菌只侵染禾本科花器。罹病小花初期分泌淡黄色蜜状甜味液体，称为蜜露。病粒内的菌丝体逐渐发育成坚硬的紫黑色菌核，呈角状突出于颖片之外，故称麦角。有些禾草花期短，种子成熟早，常只有蜜露阶段，不产生麦角。故田间诊断时应选择潮湿的清晨或阴霾天气进行，此时蜜露明显易见，干燥后只呈蜜黄色薄膜黏附于穗表，不易识别。

发生规律 菌核在土壤中或混杂于种子间越冬。翌年空气湿度在80%～93%，土壤含水

量35%以上，土温10℃以上时，麦角开始萌发产生子座。5～7天后子座上的子囊壳成熟。雨后晴暖有风条件有助于子囊孢子发射，即为初侵染源。子囊孢子借助风力传播侵染寄主花穗，立刻萌发出芽管，由雌蕊柱头侵入子房。菌丝体滋长蔓延，产生分生孢子。同时菌丝体分泌蜜露，引诱苍蝇、蚂蚁和蚜虫等昆虫将分生孢子传至其他健康花穗上，由此在田间重复传播。当禾草种子快成熟时，受害子房不再产生分生孢子，子房内部菌丝体逐渐收缩，形成菌核。一般情况下，麦角病菌只能在子房受精前成功侵染，约需要24小时。在冷凉潮湿的气候时，或干旱但有灌溉条件并有树木荫蔽的草地，花期长或花期多值雨季的禾草上常严重发生该病害。封闭式开花或自花授粉的种类很少感染。若是几种花期不同但有重叠的禾本科植物毗邻生长，互为侵染源时，后开花的常发病严重。菌核（麦角）混杂在种子中进行远距离传播，其在室温下贮存2年丧失萌发力，寒冷且干燥条件下，生活力可保持更长。

禾本科麦角病防治历（以新疆维吾尔自治区为例）

时间	防治方法	要点说明
4—5月	选择抗病的品种播种	感病植株识别方法：罹病小花初期分泌淡黄色蜜状甜味的蜜露
	播种清洁、无掺杂麦角的种子。与豆科植物混播。所播禾草种子最好在室温下存贮2年以上	
	选择适宜田地种植，避免低洼、易涝、土壤酸性、阴坡及林木荫蔽处种植。连年严重发病的草地应翻耕，或轮作	
6—10月	科学合理施肥，增施磷、钾肥提高寄主抗性	
	焚除枯草，重病草地不宜收种。种子生产基地实行在牧草休眠季内焚烧的措施	实施时，必须注意风向，以免烟尘污染城镇居民点同时必须有良好的防火措施
	施用土壤杀菌剂、粉锈宁、叠氮化钠、尿素可抑制麦角萌发。使用除莠剂消灭草地中及其附近生长的野生寄主	必须在开花初期施用杀菌剂。农药使用应符合《农药管理条例》和NY/T 1276—2007的规定

（王丽丽）

10 红豆草黄萎病

分布与危害　黄萎病是红豆草寄主上的一种毁灭性维管束病害，首先发现于德国和英国，被认为是英国最主要的红豆草病害，在我国也有相关记载。病原物侵入寄主根部组织后，便会伴随着植物的蒸腾作用对寄主地上组织造成系统侵染，致使植物叶片黄化、萎蔫，严重时植物整株枯死。随着草地利用年限的增加，病原物在土壤中不断累积，致使病害逐年加重，造成植株大量死亡和草地衰退，最终致使草地失去利用价值。该病原物广泛寄生于向日葵、马铃薯、棉花、茄子、番茄、花椰菜、胡椒、草莓、薄荷、烟草、橄榄、沙打旺、红豆草等400多种寄主植物上。

病原物　该病的病原属于半知菌类，丛梗孢目淡色菌科轮枝孢属。该属内主要包含10个不同的种，其中，大丽轮枝孢菌和黑白轮枝菌是引起红豆草黄萎病的病原菌，而在我国造成红豆草黄萎病的病原菌只有大丽轮枝孢菌一种。大丽轮枝孢菌菌体初期无色，老熟后变为褐色，有隔膜。菌丝上生长直立无色的轮状分生孢子梗，一般为2~4轮生，每轮着生3~7个小枝，呈辐射状。分生孢子梗长110~130微米，无色纤细，基部略膨大呈轮状分枝，分枝大小13.7~21.4微米×2.3~9.1微米。分生孢子一般着生在分生孢子梗的顶枝和分枝顶端，分生孢子长卵圆形，单细胞，无色或微黄，纤细基部略膨大，大小2.3~9.1微米×1.5~3.0微米。当条件不适合时，

红豆草黄萎病症状（张园园提供）

菌丝体膜加厚成为串状黑褐色的厚垣饱子（扁圆形）或膨胀成为瘤状的黑色微菌核，大小30~50微米，近球形或长条形。

症状　红豆草黄萎病在田间从植株下部叶片和复叶开始变黄、萎蔫，叶片除主脉及其两侧叶组织勉强仍保持绿色外，其余组织均变为黄色，病叶皱缩变形，严重时整个叶片呈现褐色，焦脆坏死。发病后期病情逐渐向上位叶扩展，出现叶片黄化、萎蔫脱落、植株矮化、

分枝减少等典型症状,从根茎处新发植株也很快变黄萎蔫致死。剖开发病植株的茎部进行观察,可见典型的维管束变褐的现象。

发生规律 病原物以微核菌在土壤中越冬,也可以菌丝体在多年生寄主根部越冬。种子带菌是远距离传播的重要途径,病干草及草粉等也是远距离传播的载体。在田间则以分生孢子借气流、水、昆虫、刈割机具等进行传播,引起再侵染。病菌由根部侵入时,很快进入寄主的维管组织内,并向地上部蔓延。该病害发病最适气温为25~28℃,低于22℃或高于33℃不利于发病,超过35℃不表现症状。黄萎病的发生与湿度也有一定的关系。当相对湿度为55%时,发病株率65%;相对湿度65%时,发病株率上升为70%。在适宜温度与高湿条件相结合的环境下,病株率会迅速增加。

红豆草黄萎病田间症状(张园园提供)

红豆草黄萎病防治历 (以内蒙古自治区为例)

时间	防治方法	要点说明
4—5月	选择抗病的红豆品种播种	农药使用应符合《农药管理条例》和NY/T 1276—2007的规定
	用50%多菌灵或40%茄病态或10%氟硅唑可湿性粉剂按种子量的0.5%拌种	
	返青后,及时清除田间发病的红豆草植株并集中烧毁,以降低来年的初始菌源量	
6—10月	及时排涝,避免地块积水,降低草层中空气相对湿度	红豆草黄萎病发病严重时,应进行合理轮作:与燕麦等禾本科牧草实行3年以上轮作,切忌与感病的寄主植物为轮作对象,特别不能与马铃薯、沙打旺等植物实行轮作
	在保证红豆草正常生长的前提下尽量减少浇水的频率,避免大水漫灌。施用一定比例的P/K混合肥(6:12千克/亩)能够不同程度地提高红豆草对黄萎病的抗性水平	
	在发病严重时,及时刈割,减少发病和降低损失	

(张园园)

参考文献

陈文生, 周春雷. 苜蓿霜霉病综合防治研究[J]. 中国畜禽种业, 2016, 12(11): 37-38.

贵晓荷. 紫花苜蓿根腐病病原镰刀菌的生物学特性研究[D]. 兰州: 兰州大学, 2019.

侯天爵. 我国北方草地病害调查及主要病害防治[J]. 中国草地, 1993(3): 56-60.

黄宁, 孙鑫博, 齐晓, 等. 苜蓿抗匍柄霉叶斑病评价及抗性评价标准品种筛选[J]. 中国草地学报, 2015, 37(4): 42-47+65.

李克梅, 王万林, 高俊灵, 等. 品种、种植年限等因子对苜蓿白粉病和霜霉病发病影响的初步研究[J]. 新疆农业科学, 2006(5): 439-442.

李敏权, 张自和, 柴兆祥, 等. 紫花苜蓿白粉病病原鉴定[J]. 甘肃农业大学学报, 2002(3): 303-306+328.

李跃, 袁庆华. 苜蓿锈病病菌侵染条件的研究[J]. 草业学报, 2015, 24(4): 127-131.

聂红霞, 高峰, 段廷玉, 等. 红豆草病害研究进展[J]. 草业学报, 2014, 23(3): 302-312.

商鸿生, 魏惠军, 赵小明. 沙打旺黄萎病的病原学研究 I: 病原菌的分类地位和致病性[J]. 草业学报, 1996(2): 18-23.

韦东胜, 桂枝, 郑久明, 等. 我国苜蓿抗霜霉病的研究进展[J]. 天津农学院学报, 2004(1): 32-36.

文朝慧, 南志标. 甘肃省张掖地区苜蓿花叶病病原的检测[J]. 草业学报, 2015, 24(4): 121-126.

杨家荣, 商鸿生, 李仁. 苜蓿品种对黄萎病的抗病性鉴定[J]. 西北农业大学学报, 1997(5): 107-109.

杨剑锋, 张园园, 王娜, 等. 苜蓿根腐病病原菌的分离鉴定及苜蓿品种的抗性评价[J]. 中国草地学报, 2020, 42(3): 52-60.

张蓉. 甘南高寒草地植物主要真菌病害调查与鉴定[D]. 兰州: 甘肃农业大学, 2009.

周其宇, 梁巧兰, 韩亮. 紫花苜蓿病毒病症状类型及病原检测[J]. 草业科学, 2016, 33(7): 1297-1305.